Handstanger – Schantl – Schwarz – Krondorfer

ZEITGEMÄSSE WALDWIRTSCHAFT

6., überarbeitete Auflage

LEOPOLD STOCKER VERLAG
Graz – Stuttgart

Umschlagfoto: Autoren

Fotos: 4 Fotos von Seite 16. Walter Kilian, Wien;
Seite 65: LIECO Forstpflanzenges. m. b. H., Kalwang
Alle anderen Fotos wurden von den Autoren zur Verfügung gestellt.

Grafiken: Fa. Datagraph Computergrafik Ges.m.b.H.,
Gregor-Mendel-Straße 4, A-1180 Wien
Mag. Ivo Monnerjahn

Autoren: Ing. Rudolf Handstanger, Landwirtschaftliche Fachschule Altmüster, OÖ
Dipl.-Ing. Johannes Schantl, Land- und forstwirschaftliche Fachschule Stainz, Stmk.
OFM Dipl.-Ing. Dr. Rudolf Schwarz, Rottenmann, Stmk.
Dipl.-Ing. Martin Krondorfer, Forstliche Ausbildungsstätte Pichl, Stmk.

Hinweis:
Dieses Buch wurde auf chlorfrei gebleichtem, unter den Richtlinien von ISO 9001 hergestelltem Papier gedruckt.
Die zum Schutz vor Verschmutzung verwendete Einschweißfolie ist aus Polyethylen chlor- und schwefelfrei hergestellt. Diese umweltfreundliche Folie verhält sich grundwasserneutral, ist voll recyclingfähig und verbrennt in Müllverbrennungsanlagen völlig ungiftig.

Buch-Nr. **46-2260**

Handstanger u. a.
ZEITGEMÄSSE WALDWIRTSCHAFT

6. Auflage 2006, Nachdruck 2008

ISBN 978-3-7020-1072-0

Printed in Austria
Druck: Druckerei Theiss GmbH, A-9431 St. Stefan

INHALTSVERZEICHNIS

1. BEDEUTUNG DES WALDES

Ursprünglich war der Wald die stärkste natürliche Vegetationsform der Erde. Heute ist nur noch ein Viertel der Landfläche mit Wald bedeckt. Abholzen der tropischen Regenwälder und Waldsterben in den Industriestaaten gefährden weltweit die ökonomischen und ökologischen Funktionen des Waldes. Alle Maßnahmen zu seiner Erhaltung sind daher für die Menschheit von großer Bedeutung.

1.1 VERBREITUNG

Der Wald der Erde erstreckt sich vorwiegend auf eine nördliche – immergrüner Nadel- und Laubmischwald – und eine südliche Zone – tropischer Regen- und Savannenwald. Zwei Drittel der Wälder bestehen aus Laubbäumen. Der Nadelbaumanteil befindet sich überwiegend im nördlichen Waldgürtel.

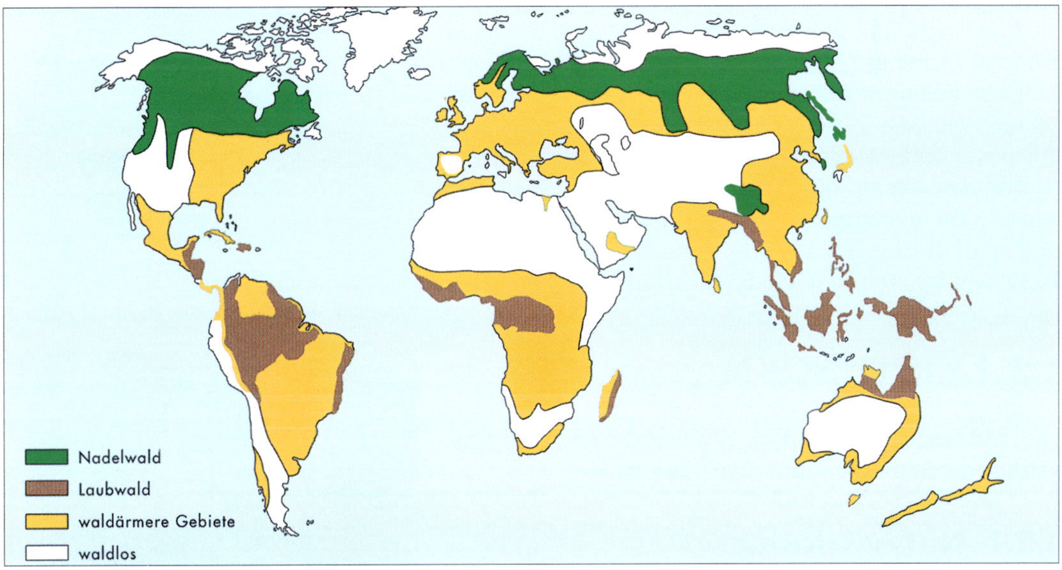

***Waldverbreitung** auf der Erde*

Nach Amerika ist Europa mit durchschnittlich einem Drittel Waldflächenanteil der waldreichste Kontinent.

Waldflächen im internationalen Vergleich (Quelle: EuroStat)

EU	Gesamtfläche (1000 ha)	Forst- u. sonstige bewaldete Flächen (1000 ha)	%-Anteil	EU	Gesamtfläche (1000 ha)	Forst- u. sonstige bewaldete Flächen (1000 ha)	%-Anteil
Finnland	33.814	22.768	74,76	Griechenland	13.196	6.513	49,81
Schweden	45.218	30.259	74,09	Lettland	6.459	2.995	48,14
Slowenien	2.027	1.166	57,84	**Österreich**	**8.387**	**3.924**	**47,55**
Spanien	50.596	25.984	51,91	Slowakei	4.903	2.031	42,22
Estland	4.523	2.162	51,64	Portugal	9.204	3.467	38,08

Italien	30.132	10.842	36,86	Dänemark	4.309	538	12,70
Luxemburg	259	89	34,35	Großbritannien	24.410	2.489	10,33
Tschechien	7.887	2.630	34,03	Niederlande	3.735	339	10,01
Litauen	6.530	2.050	32,71	Irland	7.029	591	8,58
Frankreich	54.919	16.989	31,38	Malta	32	0.3	1,10
Deutschland	35.702	10.740	31,03				
Cypern	925	280	30,57	Kanada	997.061	417.584	45,31
Polen	31.268	8.942	29,38	Russland	1.709.761	886.538	54,13
Belgien	3.053	672	22,17	USA	980.963	298.135	32,55
Ungarn	9.303	1.811	19,92				

Österreich hat eine Waldfläche von 3,924.000 ha, dies entspricht einem Anteil von 47% am gesamten Staatsgebiet.

Damit ist Österreich nach Finnland (71 %) und Schweden (51 %) das drittreichste Waldland Europas. Der Wald ist in unserem Land nicht gleichmäßig verteilt. Hohe Waldanteile finden sich an den Berghängen des alpinen Bereiches und in den Mittelgebirgen. In den für die Landwirtschaft günstigen Gebieten wurde der Wald schon in früheren Zeiten bis auf Reste zurückgedrängt. Ausgesprochen waldarme Gebiete liegen daher im sommerwarmen Osten, aber auch im Hochgebirge, wo die natürliche Waldgrenze durch ehemals intensive Almweidenutzung oft stark nach unten verlagert wurde. Mit der zunehmenden Erwärmung der Erde und dem Rückgang der Almwirtschaft wandert der Wald seit Jahrzehnten wieder sichtbar nach oben.

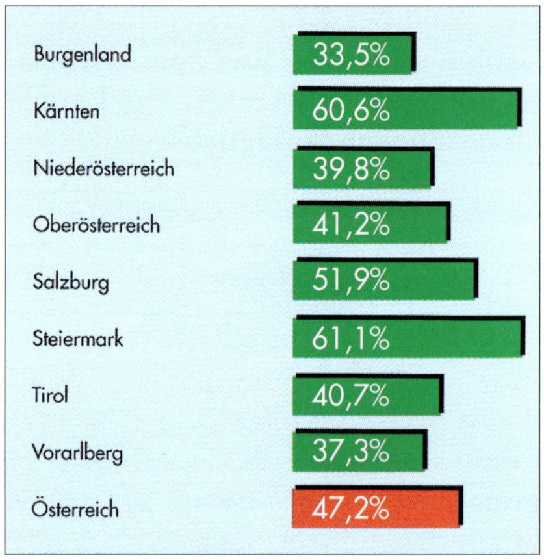

***Bewaldungsdichte** der Bundesländer*

1.2 LEISTUNGEN

Der Wald erfüllt eine Vielzahl unersetzbarer Leistungen für die Menschen und die Umwelt.

1.2.1 Nutzwirkung

***Holz,** ein dem natürlichen Kreislauf entnommener Rohstoff*

Das Haupterzeugnis des Waldes ist das Holz. Dieses findet vorwiegend als Schnittware (Bauholz, Bretter usw.) in der Bauwirtschaft und in verschiedenen holzverarbeitenden Zweigen des Gewerbes und der Industrie (Möbel, Kisten usw.) sowie als Ausgangsmaterial für die Herstellung von Papier, Pappe, Faserplatten, Zellstoff (Schleif- und Faserholz) usw. Verwendung. Die Bedeutung des Holzes als Brennstoff ist demgegenüber gering. Im Interesse des Schutzes unserer Umwelt sollte es wieder mehr verwendet werden. Holz ist ein „sauberer" Brennstoff, der keine Schwefeloxyde produziert.

In Österreich wird ein beträchtlicher Teil des Holzes, meist in verarbeitetem Zustand, ins Ausland exportiert. Die Waldnutzung sichert nicht nur den Waldeigentümern ein entsprechendes Einkommen, sondern darüber hinaus auch allen jenen Menschen, die in holzverarbeitenden Betrieben Arbeit finden. Der Wohlstand des österreichischen Volkes hängt nicht unwesentlich von seiner Waldwirtschaft ab.

Der Wald liefert den wertvollen Rohstoff Holz und sichert vielen Menschen ein Einkommen.

Der Wald ist Einstand für das Wild. Dieses ist zwar für dessen Entwicklung meist nicht günstig (Wildschäden), bildet jedoch die Grundlage für die wirtschaftlich sehr bedeutsame Jagd; es ist ein Teil der „Lebensgemeinschaft Wald“. Zu den Produkten des Waldes zählen u. a. auch Beeren und Pilze.

Der Wald ermöglicht die Jagd und liefert wertvolle Nebenprodukte. In manchen extensiven und schwer zugänglichen Gebirgstälern bringt die Jagdwirtschaft heute die einzigen positiven Erträge.

*Unbezahlbare **Schutzfunktion** des Waldes in **alpinen Lagen***

1.2.2 Schutzwirkung

Der Wald schützt die Kulturlandschaft besonders in Gebirgsländern vor Wildbächen, Hangabrutschungen, Muren und Lawinen, vermindert Hochwassergefahren und trägt zur Verbesserung des Kleinklimas und der Bodenkraft bei.
Wie nachteilig sich die Zerstörung des Waldes für ein Land auswirkt, zeigt sich am Beispiel des ehemaligen Jugoslawien, das durch die Abholzung seiner Wälder durch die Venezianer teilweise verkarstet ist. Die günstigen Auswirkungen auf das Kleinklima und damit auf die Ertragslage der Landwirtschaft demonstrieren die im Burgenland und in Niederösterreich angelegten Windschutzgürtel.

Der Wald schützt die Kulturlandschaft vor schädlichen Einflüssen. Wo er fehlt, sind technische Schutzbauten notwendig, z. B. Lawinenverbauung.

*Die **Wohlfahrtsfunktion** – positiver Einfluss des Waldes auf Luft, Wasser und Klima. Viele Menschen nützen in ihrer **Freizeit** den Wald zur **Erholung***

1.2.3 Wohlfahrtswirkung

Aufgrund seiner großen Assimilationsfläche („grüne Krone“) stellt der Wald einen bedeutenden Sauerstoffproduzenten dar. Er bindet eine große Menge Kohlendioxyd und wandelt es chemisch um. Die besondere Fähigkeit des Waldbodens, Wasser zu halten, führt dazu, dass Regen und Schnee in großen Mengen aufgefangen werden und dass das Wasser nur allmählich aus dem Boden abfließt. Dies ist für die Trinkwasserversorgung besonders wichtig.
Der Wald trägt auch zur Lärmbekämpfung bei. Waldgürtel dienen daher zur Trennung von Wohn- und Erholungsgebieten von stark frequentierten Hauptstraßen, Fabrikanlagen und Flugplätzen.

Der Wald als Produzent von Sauerstoff und als Regulator des Wasserhaushaltes übt einen positiven Einfluss auf das Klima aus und vermindert den Lärm in beträchtlichem Ausmaß.

1.2.4 Erholungswirkung

Der Wald wird in zunehmendem Ausmaß die wichtigste und beliebteste Erholungslandschaft. Die Verstädterung führt dazu, dass immer mehr Menschen die Flucht vor Lärm, Abgasen, Staub und schlechter Luft ergreifen. Sie suchen die Verbundenheit mit der Natur und finden sie im Wald, der ihnen noch eine Vielfalt von Pflanzen und Tieren, von reinem Wasser und fast unberührter landschaftlicher Schönheit bietet. In Vergangenheit und Gegenwart war und ist der Wald vorbildlicher Ansporn für beachtliche geistige und technische Leistungen.

Der Wald ist Stätte der körperlichen, seelischen und geistigen Erbauung.

1.3 BEWIRTSCHAFTUNG

Seit Jahrhunderten wird der Wald in Österreich wirtschaftlich genutzt. Die Nutzung erfolgt nachhaltig, d. h. dass nicht mehr geschlägert wird, als nachwächst. Die unterschiedlichen Standortverhältnisse, bedingt durch Seehöhe, Geländeneigung, Niederschlagsmengen usw. führen zu sehr unterschiedlichen Wuchs- und Ertragsverhältnissen. Rund die Hälfte der Waldfläche wird von Bauern bewirtschaftet.

1.3.1 Intensität

Der österreichische Wald kann zum Großteil voll bewirtschaftet werden (Wirtschaftswald).

In den alpinen Hochlagen und schroffen Gebirgstälern befinden sich vor allem im Bereich der Wald- und Baumgrenze **Schutz- und Bannwälder,** in denen eine Holznutzung nur zum Teil erlaubt ist. Den größten Schutzwaldanteil hat Tirol. Der Schutzwald schützt sich selbst und die darunterliegenden Wald- und landwirtschaftlichen Nutzflächen, der Bannwald andere Objekte, z. B. Eisenbahn, Siedlungen u. dgl.

Hochwald

Niederwald

Diese Wälder bedürfen besonderer Obsorge, da hier die Gefahrenherde für die Entstehung von Lawinen, Wildbächen und Muren liegen.
Die in Ertrag stehenden Wälder werden zu 90% als **Hochwald** bewirtschaftet, wie ein aus Samen oder durch Aufforstung entstandener Laub- oder Nadelwald bezeichnet wird. **Niederwald** (aus Stockausschlag entstandener Laubwald) und **Mittelwald** (Mischform von Hoch- und Niederwald) befinden sich überwiegend in den waldarmen Gebieten Niederösterreichs und des Burgenlandes. Holzbodenflächen sind z. B. Forststraßen, Lagerplätze etc.

1.3.2 Baumartenanteil

Wälder, in denen Laubbäume nicht oder nur zu einem geringen Anteil vorkommen (Nadelwald), sind in Österreich naturbedingt in den Bergregionen sowie im Mühl- und Waldviertel zu finden. In den Ebenen und im Hügelland dominieren die Laubwälder, im Übergangsbereich finden wir Mischwälder.

Wegen seines geringen Ertrages wurde in der Vergangenheit der Laubholzanteil vielfach zurückgedrängt und Fichtenmonokulturen gepflanzt. Oft genug wehrte sich die Natur dagegen durch vermehrtes Schädlingsauftreten sowie durch größere Sturm- und Schneeschäden. Die Fichte ist der „Brotbaum" der österreichischen Forstwirtschaft. Sie sichert dann nachhaltig den besten Ertrag, wenn sie in Verbindung mit standortgerechten Baumarten aufgeforstet wird.

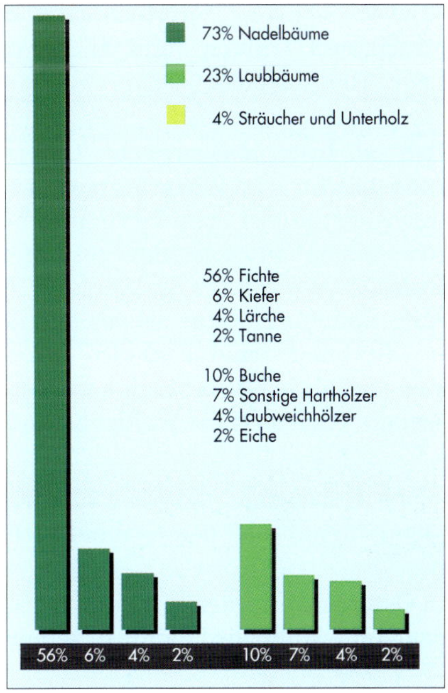

*Baumartenanteile im **Wirtschaftswald***

1.3.3 Wert und Ertrag

Der wirtschaftliche Wert des Waldes hängt nicht nur von seiner Fläche und seinen Baumarten ab, sondern auch sehr maßgeblich von der Menge an stehendem und jährlich zuwachsendem Holz. Für die Angabe von Holzmengen sind verschiedene Maße üblich. Holz ab 7 cm Durchmesser (Derbholz) wird in Festmetern (fm) angegeben, wobei zwischen Vorratsfestmetern (vfm) und Erntefestmetern (efm) unterschieden wird. Brennholz wird in Raummetern (rm) gemessen, Hackschnitzel in Schüttraummetern (srm).

1 vfm	= 1 m³ Derbholz mit Rinde, stehendes Holz
1 efm	= 1 m³ geschlägertes, ohne Rinde abgelängtes Derbholz
1 rm	= 1 m³ Schichtholz einschließlich Lufträumen
1 srm	= 1 m³ Hackschnitzel

Vielfach wird im Zusammenhang mit geschlägertem Holz nur von fm gesprochen. In diesem Fall sind efm gemeint.
Um in unseren Wäldern die Nachhaltigkeit zu sichern, wird in größeren Forstbetrieben meist alle zehn Jahre Inventur gemacht und die nutzbare Holzmenge bestimmt. Das

Bundesministerium für Land- und Forstwirtschaft führt laufend eine österreichische Forstinventur durch.

Die gesamte Baummasse des Waldes nennt man Holzvorrat.

In Österreich wurde der durchschnittliche Holzvorrat je ha Wirtschaftswald mit rund 335 vfm errechnet (Forstinventur 2000–2002).

Die Vermehrung der Holzmenge durch das Baumwachstum (Höhen- und Dickenwachstum) nennt man Holzzuwachs.

Der jährliche Holzzuwachs Österreichs wurde mit rund 9,8 vfm je ha Wirtschaftswald ermittelt. Diese Zuwachsleistung ist etwa viermal so hoch wie der durchschnittliche Zuwachs der gesamten Waldfläche der Erde.
Aufgrund des Holzzuwachses und des Altholzvorrates im Wirtschaftswald lässt sich ermitteln, welche Holzmengen jährlich geschlägert werden können (Holzeinschlag), ohne dass die Waldsubstanz gefährdet wird.

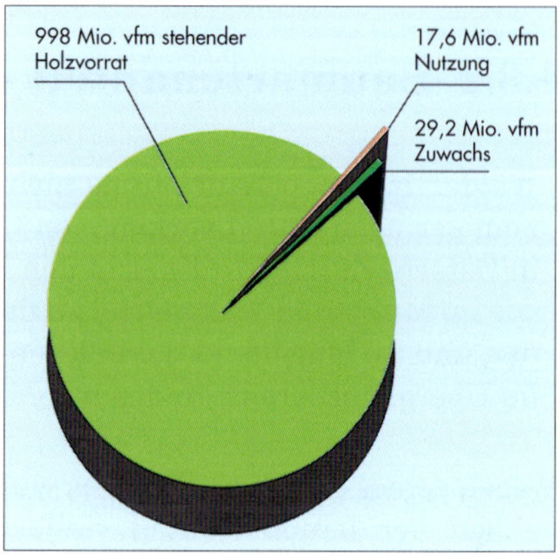

Holzvorrat, -zuwachs, -nutzung

Jene Holzmenge, die ohne langfristige Minderung des Waldertrages geschlägert werden kann, nennt man den nachhaltigen Holzeinschlag.

In Österreich werden nur rund 80 % des Zuwachses geerntet. Der für die Allgemeinheit so bedeutsame Wald wird damit in seiner Substanz nicht nur erhalten, sondern sogar verbessert.

1.3.4 Eigentumsverhältnisse

Der österreichische Wald befindet sich überwiegend im Privatbesitz, wobei der Großteil Bauernwald ist.

Die wirtschaftliche Bedeutung des Bauernwaldes ist sehr groß. Der Grund, weshalb er weniger Holz erzeugt als der Großwald, ist vornehmlich in der Vergangenheit zu suchen. Jahrhunderte hindurch wurde der Kleinwald wegen der damaligen geringen Erlöse für Holz landwirtschaftlich genutzt (Waldweide, Streu). Dies führte dazu, dass die Holzvorräte zurückgingen, was wiederum eine schlechtere Zuwachsleistung zur Folge hatte.

Für den Bauern sind waldwirtschaftliche Kenntnisse besonders wichtig, da er einen zufriedenstellenden Waldertrag auf die Dauer nur dann erreichen kann, wenn er seinen Wald nicht nur richtig bewirtschaftet, sondern auch frühere Bewirtschaftungsmängel behebt.

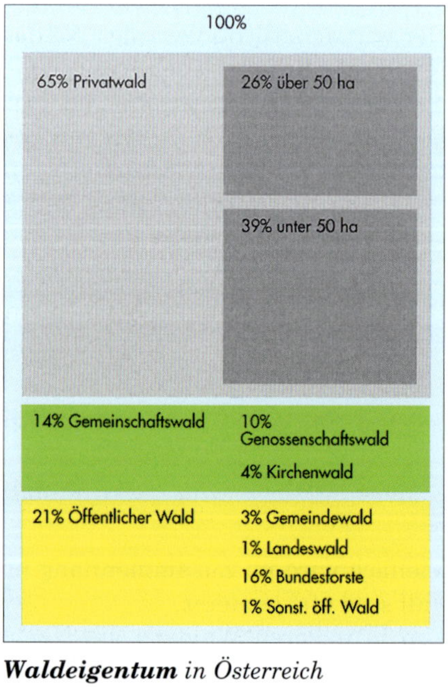

Waldeigentum *in Österreich*

2. WALDSTANDORT

Wald besteht nicht nur aus Bäumen. In einem gesunden Wald finden wir eine Fülle von Pflanzen und Tieren, die zusammen eine Lebensgemeinschaft bilden („Ökosystem Wald“). Diese Lebensgemeinschaft steht in Wechselwirkung mit den jeweiligen Standortfaktoren Boden, Lage und Klima. Gemeinsam prägen sie die Wachstumsbedingungen des Waldes entscheidend.
Ein befriedigender Waldertrag lässt sich auf die Dauer nur bei standortsgerechten Verjüngungs-, Schutz-, Pflege- und zuwachsfördernden Endnutzungsmaßnahmen erzielen.

2.1 LEBENSGEMEINSCHAFT WALD

Charakteristisches Merkmal der Lebensgemeinschaft Wald ist ein Nährstoffkreislauf, den die vielen Pflanzen und Tiere des Waldes bilden.

Am Beginn dieses Kreislaufes stehen die Pflanzen, die durch Photosynthese Kohlenstoffverbindungen erzeugen, aus dem Boden Pflanzennährstoffe und Wasser aufnehmen und aus diesen Stoffen ihre Organe aufbauen.
Die Pflanzen bilden die Grundlage für das Leben der Tiere; direkt für die Pflanzenfresser (Rehe, Hirsche, Hasen, Mäuse, Raupen, Schnecken usw.); indirekt für die Fleischfresser, die von anderen Tierarten leben (Füchse, Marder, Greifvögel, Singvögel, Raubinsekten, Spinnen usw.).
Geschlossen wird dieser Kreislauf durch Kleinlebewesen (Insekten, Würmer, Pilze, Bakterien usw.), welche die abgestorbene pflanzliche und tierische Substanz über oft viele Schritte zersetzen, die darin enthaltenen Nährstoffe freisetzen und wieder in anorganischer Form dem Boden zuführen, wo sie den Pflanzen als Nährstoffe zur Verfügung stehen.
Der jährliche Nährstoffbedarf des Waldes ist etwa gleich groß wie bei landwirtschaftlichen Kulturarten. Die Bodennährstoffe (N, P, K, Ca usw.) dienen im Wald fast ausschließlich zum Aufbau von Blättern, Nadeln, Früchten und der Rinde. Das Holz hingegen wird weitgehend aus Assimilationsprodukten (Zellulose, Lignin) aufgebaut.
Im gesunden Wald werden die in den Blättern, Nadeln, Zweigen usw. enthaltenen Nährstoffe, die mit der Streu auf den Boden gelangen, von den Kleinlebewesen so umgewandelt, dass sie die Bäume neuerlich aufnehmen können.

Im gesunden Wald befinden sich die Bodennährstoffe in einem ständigen Kreislauf zwischen Boden und Pflanze.

Durch die Holzernte werden dem Wald im Allgemeinen nicht mehr Bodennährstoffe entzogen, als durch die Verwitterung des Grundgesteins neue dazukommen.

Im gesunden Wald erübrigt sich aufgrund des Nährstoffkreislaufes eine Düngung.

Anders ist dies z. B. bei Äckern und Wiesen, wo mit der Ernte große Nährstoffmengen entzogen werden, die durch die Düngung ersetzt werden müssen.

Bei der Bewirtschaftung des Waldes soll stets darauf geachtet werden, dass der natürliche Nährstoffkreislauf nicht gestört wird, da sonst der Wald erkrankt und nicht die erwünschten Holzerträge bringen kann.

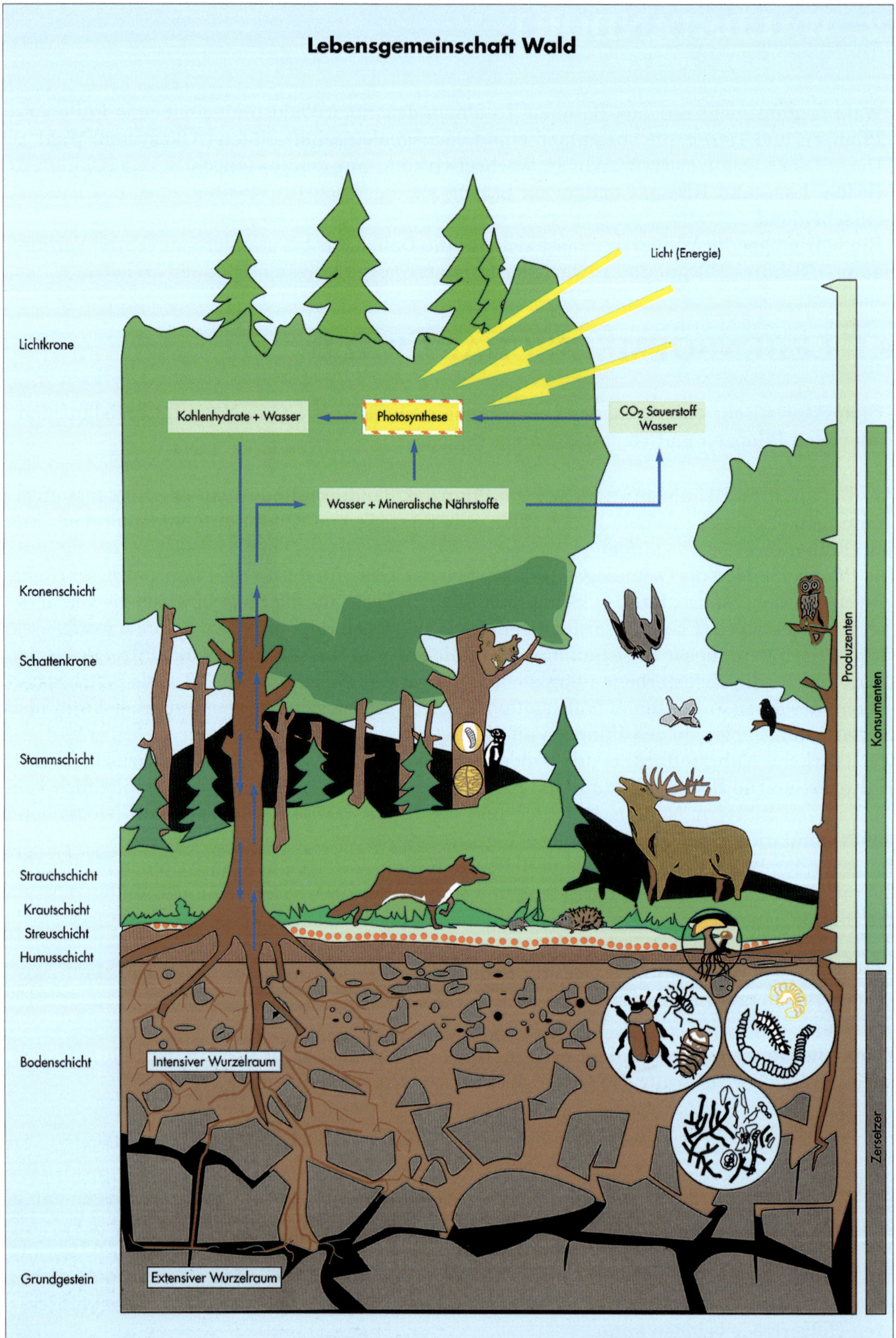
Lebensgemeinschaft Wald
Licht (Energie)
Lichtkrone
Kohlenhydrate + Wasser
Photosynthese
CO2 Sauerstoff
Wasser
Wasser + Mineralische Nährstoffe
Kronenschicht
Schattenkrone
Stammschicht
Strauchschicht
Krautschicht
Streuschicht
Humusschicht
Bodenschicht
Intensiver Wurzelraum
Grundgestein
Extensiver Wurzelraum
Produzenten
Konsumenten
Zersetzer

2.2 WALDBODEN

Der Waldboden wird von folgenden Einflüssen bestimmt:

- **Ausgangsgestein:** Nährstoffgehalt, Grad der Verwitterung, Wasserführung
- **Humus:** Bestandteile, Schnelligkeit der Zersetzung, Durchmischung mit dem Boden
- **Lage:** z. B. Austrocknung durch Wind auf Kuppen, Wasserstau in Mulden

Durch die Bewirtschaftung des Waldes kann der Waldboden sowohl verschlechtert (Austrocknen durch Öffnen des Bestandsrandes) als auch verbessert (z. B. schnellere Humusbildung nach einer Durchforstung) werden.

2.2.1 Humus

Wesentlich für das Gedeihen des Waldes ist sein Humuszustand. Wertvoll ist nur der milde Humus. Sind an seiner Herstellung vorwiegend Regenwürmer beteiligt, nennt man ihn **Mullhumus**. Die Zersetzung der organischen Masse erfolgt dabei sehr rasch. Dieser Humus verleiht dem Boden die für seinen Luft- und Wasserhaushalt wesentliche Krümelung.

Mullhumus zeigt einen guten Bodenzustand an.

Finden die Bodenlebewesen nicht ganz die richtigen Lebensbedingungen vor, entsteht der sogenannte **Moder**. Der Abbau erfolgt hier vorwiegend durch Bodeninsekten. Bei dieser Humusform erfolgt keine restlose Zersetzung der Streu. Es sind noch kleinste Pflanzenreste erkennbar.

Moder zeigt einen weniger guten Bodenzustand an.

Ist das Bodenleben nur ganz schwach entwickelt, entsteht **Rohhumus**. Der Bestandesabfall wird nicht zerkleinert, sondern von Schimmelpilzen befallen und bleibt als deutlich abgegrenzte Schicht auf dem Mineralboden liegen. Auf sehr trockenen Standorten entsteht **Trockentorf**.

Rohhumus und Trockentorf zeigen einen schlechten Bodenzustand an.

In Wäldern mit Rohhumus und Trockentorfbildung sind die Bäume unterernährt.

2.2.2 Bodentypen

Wichtige Waldbodentypen sind:

- **Rendsina:** humusreich, Nährstoffversorgung je nach Gründigkeit gut bis schlecht; neigen zu Austrocknung, erosionsanfällig, auf Kalk
- **Braunerde:** beste Wuchsbedingungen, Mullhumus, ausgeglichene Nährstoff-, Wasser- und Luftversorgung, tiefgründig

Mullartige Rendsina

Braunerde mit tiefgründiger Hangschutt-decke *(Tonschiefer)*

Eisenhumus-Podsol

Pseudogley aus schluffig-lehmigen Deck-schichten

- **Podsol:** Auswaschung von Nährstoffen, dadurch Bleichschicht im Oberboden, Rohhumus, nährstoffarm, oft verdichtet

- **Gley** und **Pseudogley:** ist durch Grund- oder Stauwasser beeinflusst, meist nährstoffreich, aber sauerstoffarm, schwere Böden, neigen zu Verdichtung

- **Auböden:** beste Nährstoffversorgung, hoher Grundwasserstand, gekennzeichnet durch periodische Überschwemmungen mit Nährstoffeintrag

2.2.3 Zeigerpflanzen

Zeigerpflanzen für gute Böden

9-blättrige Zahnwurz

Schattenblümchen

Lungenkraut

Buschwindröschen

Sanikel

Haselwurz

Bingelkraut

Sauerklee

Waldmeister

Die auf dem Waldboden wachsenden Pflanzen geben Hinweise auf seinen Zustand.

- **Anzeiger für sehr gute Böden:** 9-blättrige Zahnwurz, Brennnessel, Goldnessel
- **Anzeiger für gute Böden:** Waldmeister, Lungenkraut, Bingelkraut, Sanikel, klebriger Salbei, Waldlabkraut, Sauerklee, Schattenblümchen
- **Anzeiger für schlechte Böden:** Heidelbeere, Preiselbeere, Besenheide, Drahtschmiele, Weißmoos, Rentierflechte
- **Anzeiger für stark vernässte Böden:** Torfmoos, Binsen, Waldschachtelhalm

Zeigerpflanzen für schlechte und vernässte Böden

Preiselbeere

Heidelbeere

Drahtschmiele

Besenheide

Erika

Weißmoos

Rentierflechte

Torfmoos

Astmoos

2.3 LAGE

2.3.1 Hangneigung und Hangrichtung

Die Lage eines Waldstandortes am Hang, die jeweilige Geländeausformung sowie die Himmelsrichtung wirken sich entscheidend auf die Standorteigenschaften aus.

- Im **geneigten Gelände** befinden sich im Allgemeinen die tiefgründigeren und frischeren Standorte am **Unterhang** und die flachgründigeren, trockeneren am **Oberhang**.

- Je **steiler** ein Hang ist, desto geringer ist die Frostgefahr, da kalte Luft abfließt. Mit der Steilheit nimmt die Erosionsgefahr zu.

- In **Mulden** kann die Kaltluft zusammenfließen und Kälteseen mit hoher Frostgefahr bilden. **Kuppen** sind meist dem Wind ausgesetzt und daher trockener als **Mulden** und **Gräben**, außerdem wird die Streu abgeweht.

- **Südhänge** sind durch starke Sonneneinstrahlung warm und trocken. Wenn die Beschattung durch den Waldbestand fehlt, neigen die Standorte zur Austrocknung.

- **Nordhänge** weisen meist hohe Bodenfrische und Luftfeuchtigkeit auf, was sich auf das Baumwachstum günstig auswirkt. Andererseits ist die Gefährdung durch Schnee und Frost größer.

- **West-** und **Osthänge** weisen eine Zwischenstellung auf.

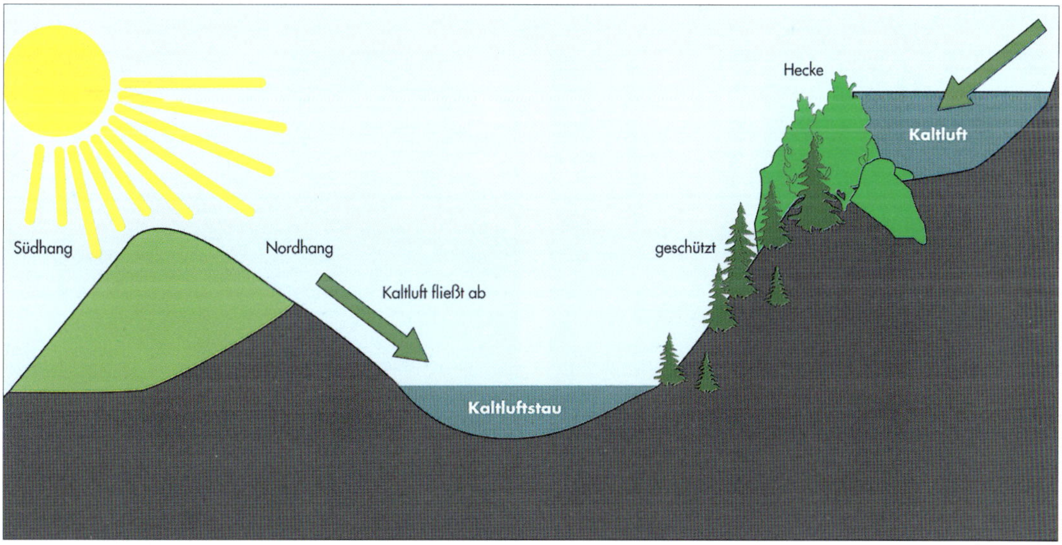

*Einfluss von **Hangneigung** und **Hangrichtung***

2.3.2 Seehöhe

Mit zunehmender Seehöhe nimmt die Lufttemperatur ab (etwa 1° C pro 100 m), so dass diese für wärmebedürftige Baumarten eine wichtige Begrenzung darstellt. Innerhalb der natürlichen Waldgesellschaften lassen sich deutliche seehöhenabhängige Waldstufen feststellen:

❑ Sehr warme Waldstufe

Eichen-Hainbuchen-Wald mit verschiedenen Laubmischhölzern.

❑ Warme Waldstufe

Buchen-Tannen-Wald und Kiefernwälder; die Fichte wurde meist künstlich eingebracht.

❑ Kühle Waldstufe

Fichte-Tannen-Buchen-Mischwald.

❑ Kalte Waldstufe

Fichtenwald; gegen die Waldgrenze zu auch Lärchen- und Zirbenwald.

Die **Waldgrenze** findet man dort, wo der geschlossene Wald aufhört. Wo auch einzelne Bäume nicht mehr aufrecht wachsen können, ist die **Baumgrenze**. Dazwischen liegt die **Kampfzone** des Waldes. Über der Baumgrenze befindet sich meist der **Krummholzgürtel** mit Latschen oder Grünerlen.

Die Seehöhe, wo die einzelnen Waldstufen enden bzw. die Wald- und Baumgrenze erreicht wird, ist abhängig von der jeweiligen Lage. In den Randalpenbereichen, die als erste den Wettererscheinungen ausgesetzt sind, liegt die Waldgrenze bei 1.600–1.800 m Seehöhe, in den Inneralpen, die mehr abgeschirmt sind, befindet sich die Waldgrenze bei 2.000–2.200 m Seehöhe.

Waldgesellschaften in Österreich nach Höhenlage und N-S-Erstreckung

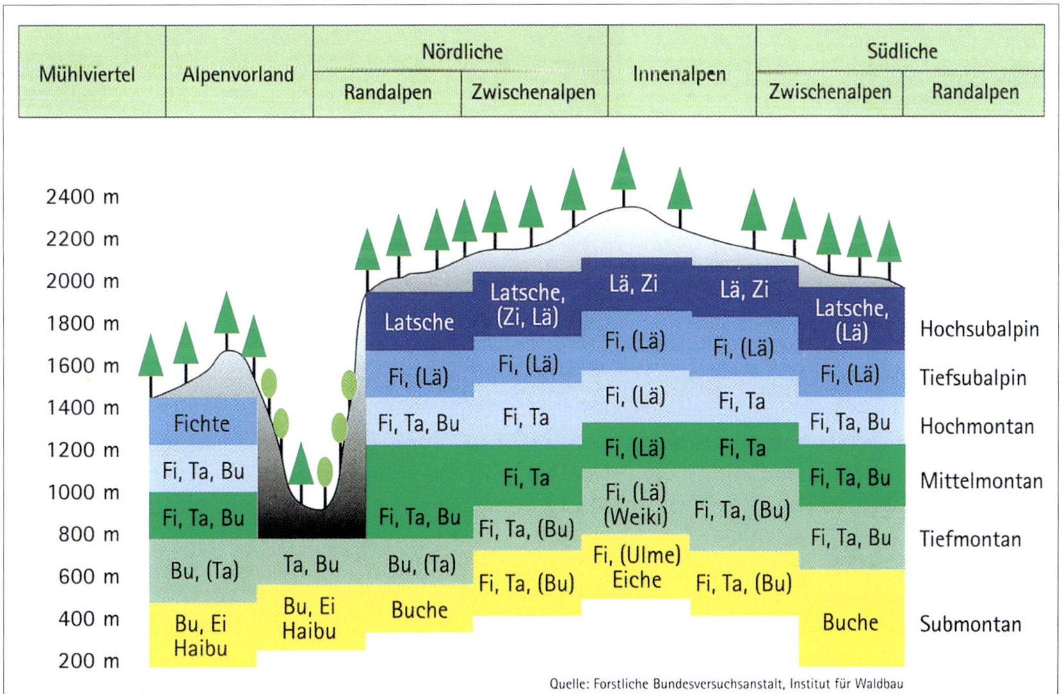

Quelle: Forstliche Bundesversuchsanstalt, Institut für Waldbau

2.4 KLIMA

2.4.1 Großklima

Österreich liegt zum Großteil im Bereich der gemäßigt feuchten Klimazone mit einer ausgeprägten kalten Jahreszeit.
Im Hochgebirge treten extreme Gebirgsklimata auf; im äußersten Osten unseres Landes gibt es ein gemäßigt trockenes Klima. Allgemein kann gesagt werden, dass das vorherrschende Großklima das Vorkommen von Wald begünstigt.
Der sichtbare Klimawandel zwingt aber vorausschauend zur standortgerechten Baumartenwahl.

2.4.2 Bestandesklima

Das im Allgemeinen unveränderliche Großklima wird kleinflächig durch die Lage, aber auch durch die Waldbewirtschaftung beeinflusst. Jeder Waldbestand hat eigene kleinklimatische Gegebenheiten. Durch die Beschattung ist es im Wald kühler als im Freiland. Es herrscht mehr Luftruhe und durch die Verdunstung eine höhere Luftfeuchtigkeit. Das Bestandesklima ist ausgeglichener als das Freilandklima.

Das Bestandesklima hängt von der Baumartenmischung, dem Bestandesalter und dem Bestandesaufbau ab.

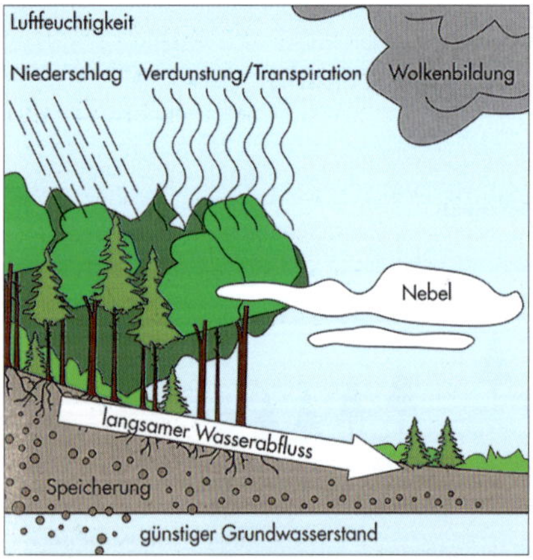

*Das **Bestandesklima***

Geschlossener Bestandesrand

Durch richtige Waldbewirtschaftung muss versucht werden, das Bestandesklima so zu erhalten, dass optimale Wuchsbedingungen gegeben sind. So gelangen z. B. infolge von Durchforstungen Licht, Wärme und Niederschläge auf den Boden, was die Bodenorganismen begünstigt.
Durch die Erhaltung eines geschlossenen Bestandsrandes wird eine Austrocknung des Bodens durch Wind und Sonneneinstrahlung verhindert.

2.5 BEEINFLUSSUNG DER STANDORTEIGENSCHAFTEN

Aufgabe einer nachhaltigen Waldbewirtschaftung ist es, nicht nur eine Verschlechterung der Standortbedingungen zu verhindern, sondern diese möglichst zu verbessern. Zu einer Verschlechterung der Verhältnisse tragen vor allem die Anlage von Fichtenmonokulturen und Großkahlschläge bei. Vom Waldbauern nicht zu beeinflussen sind Luftverunreinigung und saurer Regen (Waldsterben).

Verbesserungsmaßnahmen

- Pflanzung und Erhaltung standortgerechter Mischwälder
- Rechtzeitige Dickungspflege und Durchforstung
- Waldrand und Kronendach geschlossen halten
- Großkahlschläge vermeiden
- Streunutzung und Waldweide unterlassen
- Äste im Wald lassen
- Bodenverbesserung durch Gründüngung bzw. Mineraldüngung

Die Beimischung von Laubbäumen zu Nadelbäumen sichert den Bodenlebewesen eine gemischte Nahrung, die ihre Entwicklung und damit die Verbesserung des Bodens fördert.
Eine Mischung von Flach- und Tiefwurzlern ermöglicht eine bessere Nährstoffausnützung. Die flachwurzelnde Fichte erreicht z. B. die Nährstoff- und Wasservorräte der tieferen Bodenschichten nicht. Rechtzeitige **Durchforstungen** sorgen für Zuwachsgewinne und verbessern das Bestandesklima; der Humusabbau wird gefördert, indem Licht und Wärme auf den Boden gelangen.
Ein geschlossener Wald schützt den Boden vor Austrocknung durch Wind und Sonne und schafft ein günstiges Klima durch die Bodenlebewesen.
Kahlschläge legen den Boden bloß und verursachen vielfach Humusverluste sowie lästige Verunkrautung. Das Aufbringen des Jungwuchses auf Großkahlschlägen dauert länger als auf kleinen Kahlschlägen.
Durch die Streunutzung und Entnahme der Äste werden dem Wald wichtige Nährstoffe entzogen. Die Waldweide schädigt den Boden, weil er durch den Tritt der Tiere verdichtet wird.
Eine der wertvollsten Gründüngungspflanzen ist die **Dauerlupine**, deren Samen bei der Aufforstung mit ins Pflanzloch gebracht werden können.
Sie liefert eine wertvolle Streu für die Humusbildung, schließt mit ihren tiefreichenden Wurzeln den Boden auf und sammelt mit Hilfe ihrer Knöllchenbakterien Stickstoff im Boden.
Auch der **Besenginster** leistet in

Waldkalkung

wärmeren Lagen ähnlich gute Dienste. Beide Pflanzen sind mehrjährig, gedeihen nicht auf Kalkböden, brauchen aber bei stark versauertem Boden eine Kalkdüngung.
Gute Bodenverbesserer, die auch als sogenannter **Vorwald** dienen, sind für sonnseitige Lagen Birke, Robinie und Aspe, für Schattenseiten Eberesche, Grün- und Grauerle.
Eine Mineraldüngung leitet durch die Zufuhr von Nährstoffen die Umwandlung von Rohhumus in milden Humus ein, verbessert das Wachstum der Bäume und regt den Nährstoffkreislauf an.
Neben der **Flächendüngung** ist die **Kulturdüngung** möglich, bei welcher die Pflanzen einzeln gedüngt werden. Dadurch wachsen sie rascher an, und es entstehen weniger Ausfälle.

3. BÄUME UND STRÄUCHER DES WALDES

Wer Waldwirtschaft richtig betreiben will, muss nicht nur die verschiedenen Nadel- und Laubbaumarten unterscheiden können, sondern sollte zumindest bei den wichtigsten Baumarten auch über deren Aufbau, Heimat und Verbreitung, botanische Eigenschaften, Einfluss auf den Boden, Mischungsmöglichkeiten mit anderen Bäumen, günstigste Verjüngung, Gefährdung, Verwendungsmöglichkeit bzw. holzwirtschaftliche Bedeutung Bescheid wissen.

Flachwurzel

3.1 AUFBAU DES WALDBAUMES

3.1.1 Wurzeln

Die Wurzeln verankern den Baum im Boden, sorgen für die Aufnahme des Wassers sowie der gelösten Nährstoffe und speichern Reservestoffe.

Die **Haupt-** und **Seitenwurzeln** verleihen dem Baum Halt und stützen ihn bei Belastungen durch Wind oder Schnee. Die **Feinwurzeln** nehmen mit den Wurzelhärchen das Bodenwasser und die darin gelösten Nährstoffe auf. Auf schlechteren Standorten gehen die Baumarten dabei eine Symbiose mit Pilzen ein, die mit ihrem Myzel die Wurzelspitzen umschlingen und so die Aufnahmeoberfläche vergrößern. Diese Zusammenarbeit nennt man **Mykorrhiza**.
Je nach der Gestalt der Wurzel findet man unter den Baumarten Flach- und Tiefwurzler.

Pfahlwurzel

- **Flachwurzler** haben Hauptwurzeln, die sich flach unter der Erdoberfläche tellerförmig ausbreiten; von ihnen wachsen **Seitenwurzeln** nach unten (z. B. Fichte).

- **Tiefwurzler** haben entweder **Pfahlwurzeln**, deren senkrecht abwärts wachsende Hauptwurzel die Seitenwurzeln übertrifft (z. B. Kiefer), oder **Herzwurzeln**, bei denen einige kräftige, tief abwärts wachsende Seitenwurzeln die Aufgabe der in ihrer Entwicklung zurückgebliebenen Hauptwurzel übernehmen (z. B. Rotbuche).

Herzwurzel

3.1.2 Stamm

Der Stamm verbindet Wurzeln und Krone. Er ist der wirtschaftlich wertvollste Teil des Baumes und besteht aus dem Holzkörper, dem Kambium und der Rinde.

Der **Holzkörper** ist ein Leitungs-, Festigungs- und teilweise Speichergewebe; er setzt sich aus **Kern-** und **Splintholz** zusammen. Das Kernholz besteht aus toten Zellen, die Gerbstoffe, Fette, Harze und dgl. enthalten. Das außen liegende Splintholz besteht aus lebenden Zellen, in denen der Saft von unten nach oben fließt. Zwischen Rinde und Holzkörper liegt das **Kambium**, welches durch eine jährliche Bildung eines Rinden- und Holzringes **(Jahresring)** für das Dickenwachstum sorgt. Der Jahresring besteht aus dem weitporigen, meist helleren **Frühholz** und dem meist dunkleren **Spätholz**.

Das Alter der Bäume lässt sich an der Anzahl der Jahresringe ablesen, die als Grenze zwischen Früh- und Spätholz deutlich erkennbar sind.

Die **Rinde** besteht aus dem **Bast**, in welchem die fertige „Nahrung" aus den Blättern in die übrigen Baumteile fließt, und aus der aus abgestorbenen Zellen bestehenden **Borke**. Die Rinde schützt den Baum. Die Borke ist ein wichtiges Unterscheidungsmerkmal für die Bäume, insbesondere im Winter.

Nach der Form der Stammentwicklung unterscheidet man **Vollholzigkeit** (Durchmesser nimmt von unten nach oben langsam ab; z. B. Tanne), **Abholzigkeit** (Durchmesser nimmt von unten nach oben stärker ab, z. B. Fichte), **Stammrückigkeit** (Jahresringe verlaufen wellen-

Vollholzig

Abholzig

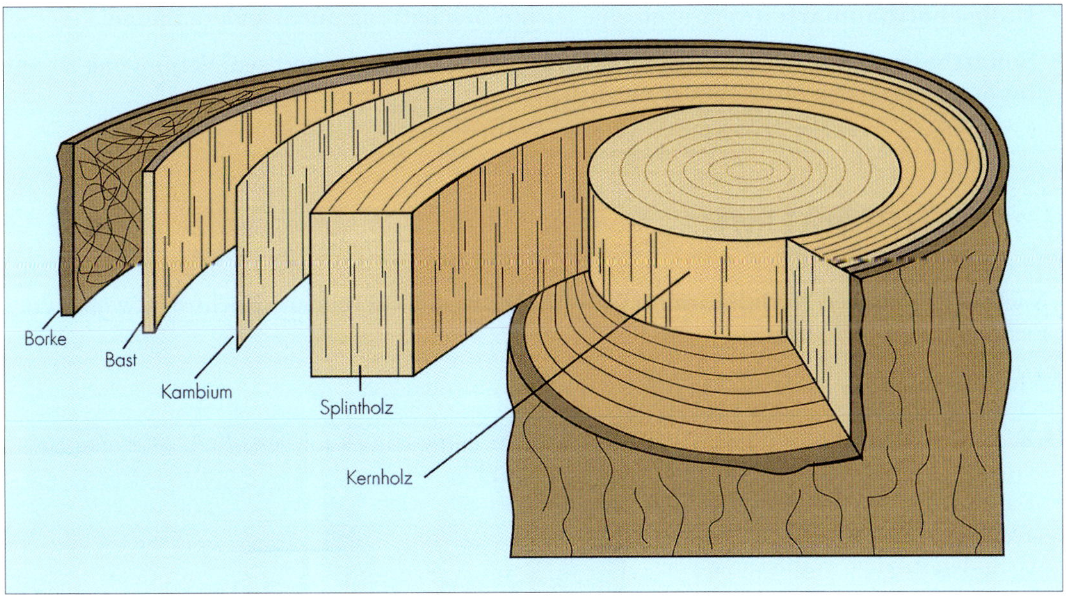

Querschnitt** durch den **Baumstamm

förmig; z. B. Hainbuche) und **Drehwüchsigkeit** (Holzfasern des Stammes verlaufen spiralförmig um seine Achse, z. B. Rosskastanie). Die Stammentwicklung wird aber auch von der Umwelt beeinflusst (Wind, Seehöhe, Verbiss usw.).

3.1.3 Krone

Die Gesamtheit der Äste, Zweige, Blätter und Früchte eines Baumes bildet seine Krone.

Aus den **Knospen** entstehen alljährlich die **Triebe**, welche die **Haupt-** und **Seitensprossen** bilden. Die **Blätter** sind Anhangsorgane des Sprosses und sorgen neben den Wurzeln für die Ernährung des Baumes (Assimilation). Sie können **nadelförmig** sein (Nadelbäume) oder über **Blattstiel** und **Blattspreite** verfügen (Laubbäume). Ihre Anordnung garantiert eine optimale Ausnützung des einfallenden Sonnenlichtes. **Nadeln** sind schlank, derb und mit einer Wachsschicht überzogen, die sie vor Austrocknung und Kälte schützt. Dadurch und durch die schlanke Kronenform können Nadelbäume auch im Winter ihre Nadeln behalten. Eine Ausnahme ist die Lärche.
Die **Blüten** sind umgebildete Blätter.
Birken, Aspen und Hainbuchen blühen mit 20 bis 30 Jahren am frühesten; Tannen, Eichen und Rotbuchen mit 60 bis 80 Jahren am spätesten.
Für die geschlechtliche Vermehrung ist die Entwicklung der Blüten zu **Früchten** bzw. **Samen** wesentlich.
Die Samenjahre treten bei den einzelnen Baumarten unterschiedlich oft auf.
Knospen, Blätter und Früchte sind wichtige Unterscheidungsmerkmale der Bäume.

Die Baumarten haben unterschiedliche **Lichtansprüche:**

- **Lichtbaumarten** brauchen viel Licht im Kronenbereich, sonst kommt es zu einem eingeschränkten Wuchs; Verjüngung ist nur auf Freifläche möglich.

- **Halbschattbaumarten** vertragen eine leichte Beschattung durch andere Bäume.
- **Schattbaumarten** können auch im Schatten anderer Bäume wachsen; Verjüngung ist unter dem Schirm des Altbestandes möglich.

3.2 NADELBÄUME

Nach dem Holz der **Nadelbäume (Weichholz)** besteht besondere Nachfrage, wobei die Fichte an der Spitze liegt.

3.2.1 Fichte

Fichte

- Baum des Berglandes bis zur Waldgrenze: aus wirtschaftlichen Gründen in allen Waldstufen vorkommend
- Drei Standortrassen (Kammfichte, Bürstenfichte, Plattenfichte)
- Flachwurzler, Halbschattbaumart
- Kann bis zu 40 m hoch und 600 Jahre alt werden; in der Jugendphase relativ langsames Wachstum; im Wirtschaftswald hiebreif mit 80 bis 120 Jahren
- Verlangt frische, lockere Böden mit mittlerer Nährstoffversorgung vor allem auf Nord- und Osthängen; nicht geeignet für verdichtete Lehmböden; nasse Standorte und trockene Kalkböden
- Geringer Wärmeanspruch, frosthart
- Dürreempfindlich; gefährdet durch Wind, Rotfäule, Borkenkäfer, Rüsselkäfer, Nonne
- Verträgt sich als Mischbaumart mit allen standortgemäßen Baumarten
- Verjüngung mittels Pflanzung oder natürlich unter Schirm
- Vielseitig verwendbar als Bau- und Möbelholz und für Zellstoff, Papier- und Plattenherstellung, Stangen und Masten

3.2.2 Weißtanne

- Baumart der Mittelgebirge und des Alpenvorlandes
- Pfahlwurzel, Schattbaumart
- Kegelförmige, im Alter abgeflachte Krone; kann bis 60 m hoch und 400–600 Jahre alt werden, in der Jugend sehr langsames Wachstum

- Verlangt tiefgründigen, frischen, nährstoffreichen Boden und ausgeglichenes, luftfeuchtes Waldklima; braucht mehr Wärme als Fichte
- Empfindlich gegen Spätfrost, Dürre, Wildverbiss und Luftverunreinigungen
- Als Mischbaumart günstig
- Verjüngung am besten natürlich unter Schirm
- Verwendung ähnlich wie Fichte; gut geeignet für Wasser- und Erdbau, weniger für Möbelbau und Sichtschalungen

Weißtanne

3.2.3 Lärche

- Gebirgsbaum in den Inneralpen; aus wirtschaftlichen Gründen auch in tieferen Lagen
- Mehrere Standortrassen (Gebirgslärche, Wienerwaldlärche, Sudetenlärche)
- Herzwurzel, Lichtbaumart. Bis 40 m hoch und 700 Jahre alt; sehr raschwüchsig in der Jugend
- Verlangt lockeren, nährstoffreichen, frischen Boden und nebelfreie, windige Lagen; unempfindlich gegen Kälte und Frost (Gebirgsbaum)

Lärche

- Gefährdet durch Fegeschäden in der Jugend, Lärchenminiermotte, Lärchenkrebs. Als Mischbaumart günstig
- Verjüngung durch Pflanzung oder durch Samenanflug auf Freiflächen
- Hartes und dauerhaftes Holz; Verwendung für Bauholz, Parkettholz, Möbel, Innenausbau, Schwellen, Maste und Erdbau

3.2.4 Weißkiefer (Föhre)

- Hauptbaumart des Hügellandes und warmer, trockener Lagen im Mittelgebirge
- Pfahlwurzel, Lichtbaumart
- Gerader Stamm mit kegelförmiger, im Alter schirmförmiger Krone; im Freistand grobastig; bis 40 m hoch

- Sehr bescheidene Standortansprüche; auf trockenen; nährstoffarmen und auf sauren, vernässten Standorten zu finden; unempfindlich gegen Hitze und Frost
- Gefährdet durch Schneedruck, Pilze und Insekten
- Mischung mit standortgemäßen Baumarten möglich
- Verjüngung durch Pflanzung oder Samenanflug auf Freiflächen
- Verwendung als Grubenholz, Möbelholz, Maste; durch gute Imprägnierfähigkeit gut geeignet für jede Verwendung im Freien

Weißkiefer (Föhre)

3.2.5 Douglasie

- Raschwüchsige nordamerikanische Baumart
- Anspruchsvoll an den Standort. Nicht in Reinbeständen anbauen, da krankheitsanfällig und schneedruckgefährdet
- Bei uns nur Anbau der „Küstendouglasie“ empfehlenswert
- Empfindlich gegen Spätfrost, Verbiss- und Fegeschäden, Schüttelpilze
- Verwendung ähnlich wie Lärche

Douglasie

3.2.6 Sonstige Nadelbäume

❑ Schwarzkiefer

Baumart des trockenen und warmen Ostens Österreichs. Halbschattbaum; anpassungsfähiges Wurzelsystem.
Noch anspruchsloser als die Weißkiefer; kommt vor allem auf trockenen, warmen Kalkstandorten vor.
Holz ist hart und dauerhaft; für Erd- und Wasserbau geeignet. Wichtig für Harzgewinnung.

Schwarzkiefer

❑ Zirbe (Arve)

Gebirgsbaum bis zur Baumgrenze.
Halbschattbaum in der Jugend, später Lichtbaumart. Flaches, weitreichendes Wurzelsystem: Kurzer, abholziger Stamm. Gedeiht am besten auf tiefgründigen, nährstoffreichen, frischen Böden.
Rohhumuskeimer.
Wertvolles Holz für Innenausbau, Möbel und Schnitzerei.

Zirbe

❑ Latsche (Legföhre, Krummholzkiefer)

Im Schutzwall des Hochgebirges (Krummholzgürtel) vorwiegend auf Kalk. Sichert mit ihrem liegenden Stamm Steilhänge und Geröllfelder: Pionier für Bodenbildung.
Für Latschenölgewinnung und Brennholz auf Hochalmen.

❑ Weymouthskiefer (Strobe)

Anspruchsloser, jedoch raschwüchsiger Baum aus Nordamerika. Verträgt auch trockene Standorte; frosthart.
Empfindlich gegen Rostpilz sowie Verbiss- und Fegeschäden.

3.3 LAUBBÄUME

Die **Laubbäume** sind **wertvolle Mischbaumarten** im **Nadelwald**, wo sie mit ihrer Streu zu einer guten Bodenbildung beitragen. Linde, Birke, Pappel, Weide und Rosskastanie haben Weichholz. Die übrigen Laubbäume haben Hartholz. Danach richtet sich auch die Art der Verwendung. Die seinerzeitige Bedeutung als Brennholz nimmt wieder zu.

3.3.1 Rotbuche

Rotbuche

- Baum des Berg- und Hügellandes
- 30–40 m hoch mit geradem, vollholzigem Stamm
- Herzwurzel, Schattbaumart, besonders in der Jugend
- Gedeiht auf nährstoff- und humusreichen, frischen Böden und bei luftfeuchtem warmem Klima, auf kalkreichen Standorten auch unter ungünstigeren Bedingungen; günstige Bodenbeeinflussung durch viel Laubstreu und Beschattung; durch hohe Wurzelintensität vermag sie flachgründige Kalkböden zu durchwurzeln.

- Empfindlich gegen Wildverbiss, Spätfrost, Dürre und Rindenbrand
- Gut geeignet für Mischung mit Nadelbäumen
- Verjüngt sich gut unter Schirm und in Bestandeslücken
- Verwendung für Furniererzeugung, Parkettholz und Möbel, astige Bloche für Schwellen, Schwachholz für Zellstofferzeugung

3.3.2 Stieleiche

- Baum des Auwaldes und des flachen, warmen Hügellandes
- Bis 40 m hoch, 800–1000 Jahre alt werdend; walzenförmiger Stamm mit großer, starkastiger Krone
- Pfahlwurzel; Lichtbaumart
- Anspruchsvoll bezüglich Nährstoff- und Wasserversorgung; verträgt zeitweilige Überschwemmung; durch hohe Wurzelkraft für dichte Lehmböden gut geeignet; wärmeliebend
- Empfindlich gegen Spätfrost; sturmfest

Stieleiche

- Neigt zu Reinbeständen; am häufigsten Beimischung von Kiefer und Buche
- Verjüngung durch Samenaufschlag oder Pflanzung
- Wertvoll für Parkettböden, Furniererzeugung, Schiffs- und Waggonbau, Möbel, Schwellen- und Fassholz

3.3.3 Traubeneiche

- Baum des Hügellandes und des wärmeren Mittelgebirges
- Pfahlwurzel; Halblichtbaumart; geradere und schlankere Stammform als Stieleiche
- Weniger anspruchsvoll als Stieleiche; verträgt mehr Trockenheit; wärmeliebend
- Gefährdung, Eigenschaften und Verwendung ähnlich wie Stieleiche

Traubeneiche

3.3.4 Roteiche

- Nordamerikanischer Baum; bei uns von der Ebene bis ins Mittelgebirge
- Pfahlwurzel; Lichthalbschattbaumart
- Geringere Standortansprüche als heimische Eichen; raschwüchsig
- Frostgefährdet
- Holz ist weitringiger und weicher als bei heimischen Eichen; Verwendungsmöglichkeiten sind ähnlich

Roteiche

3.3.5 Sonstige Laubbäume

❑ Esche

Diese Baumart ist in unserer Heimat überall anzutreffen, wo nährstoffreiche, frische, tiefgründige Böden sind, im Auwald genauso wie in den Gräben, Schluchten und Unterhängen mit fließendem Grund- und Hangwasser. Klimatisch ist sie nicht empfindlich und bis in Seehöhen von 1.200 m zu finden. Tiefwurzler. Das Holz ist sowohl für die Wagnerei wie für Sportgeräte, Möbel, Parketten und den Waggon- und Flugzeugbau verwendbar.

Esche

❑ Ahorn

Zu unterscheiden ist der **Berg-, Spitz-** und **Feldahorn**. Alle Ahorne sind waldbaulich wertvoll. Mit ihrem reichen Wurzelwerk erschließen sie den Boden, und ihre reichliche, leicht abbaubare Streu hilft, die Waldböden gesund zu erhalten. Die bevorzugten Standorte sind die der Esche. Das Holz ist weiß und dicht und wird gerne für Möbel, Tischplatten, handwerkliche Geräte, für Möbelfurniere und im Kunsthandwerk verwendet.

Bergahorn

Ulme

Linde

Weißbuche

Edelkastanie

❑ Ulme

Die in Mitteleuropa beheimateten **Berg-, Feld-** und **Flatterulmen** sind sehr anspruchsvolle, aber wertvolle Laubbäume. Sie brauchen Standorte wie die Esche und bevorzugen das Schluchtwaldklima sowie die Unterhänge. Gefährdet durch „Ulmensterben". Das Holz mit seiner schönen Maserung findet Verwendung im Möbelbau, Kunstgewerbe und für Parketten.

❑ Linde

Braucht mildes Klima und gute Böden: Linden sind wertvolle Bodenverbesserer durch reichliche Streu und Bodenbeschattung. Schluchtwald- und Halbschattbaumart. Wertvolles Holz für Kunstgewerbe (Schnitzerei).

❑ Weißbuche (Hain- oder Hagbuche)

Baumart des Weinklimas, wertvoller Bodenverbesserer.
Halbschattbaum, reichlicher Streuspender und guter Bodendurchwurzler. Reinbestände jedoch nicht erstrebenswert. Härteste und schwerste heimische Laubbaumart; gutes Drechslerholz.

❑ Edelkastanie

Baum des Weinklimas mit ähnlichen bodenverbessernden Eigenschaften wie die Eichen.
Große Streuproduktion, tiefe Bodendurchwurzelung. Verwendung als Weinstecken, Zaun- sowie Hopfenpfahlholz. Schmackhafte Früchte (Maroni).

Birke

Schwarzerle

❑ Birke

Am verbreitetsten sind die **Gemeine Birke** und die **Moorbirke**. Pionierbaumart; kann rohe, tote und herabgewirtschaftete Böden neu besiedeln und verbessern: lichtbedürftig. Holz für Wagnerei, Drechslerwaren, Plattenerzeugung und Schleifholz.

❑ Erle

Zu unterscheiden sind **Schwarz- (Rot-), Grau-** und **Grünerlen**. Sie sind ähnlich wie die Birken Pionierbäume auf vernässten Böden mit hochanstehendem Grundwasser (Schwarzerle) und rutschgefährdeten Hangwasserbereichen (Grauerle).
Im Schutzwald des Hochgebirges treffen wir in nassen Hang- und Grabenbereichen die Grünerle. Erlenholz findet heute Verwendung in der Möbel- und Plattenindustrie.

Zitterpappel

❑ Pappel

Die Pappel-Arten gehören mit Ausnahme der Zitterpappel (Aspe) dem Auwald an.
Pappeln lassen sich gut über Stecklinge vermehren. Diese Eigenschaft und die Möglichkeit, viele verschiedene Pappelarten untereinander zu kreuzen, hat mehrere Pappelzüchtungen hervorgebracht; sogenannte „Kulturpappeln“ oder „Hybridpappeln“. Die Bedeutung dieser Arten liegt weniger im Wald als vielmehr im Anbau von Schnellwuchsplantagen für Energieholz oder zur Zellstoffproduktion.
Die Zitterpappel ist eine anspruchslose und schnellwachsende Pionierbaumart, die vielfach als Vorwald-Baumart Verwendung findet.

Salweide

❑ Weide

Die Weiden gehören dem Auwald und feuchten Standorten an. Holzwirtschaftlich haben

Eberesche

Elsbeere

Mehlbeere

Vogelkirsche

nur die Baumweiden Bedeutung, die ähnliche Erträge wie die Pappeln bringen. Strauchweiden finden wie auch als Pionierbäume bis in die Gletscherregion (Gletscherweide).

❑ Eberesche (Vogelbeere)

Pionierbaumart des Gebirgswaldes bis in die Zirbenregion; verträgt hohe Bodenversauerung

❑ Elsbeere

Baum des Berg- und Hügellandes; liebt mildes Klima, sonnige Lagen und kalkhaltige Böden; wertvolles Holz; Fruchtgenuss

❑ Mehlbeere

Ähnliche Ansprüche wie Elsbeere; Fruchtgenuss

❑ Vogelkirsche

Im Berg und Hügelland, verlangt kalkhaltige Böden und sonnige Lagen; wertvolles Möbelholz

❑ Walnuss

Benötigt mildes Klima und nährstoffreiche Böden; wertvolles Möbelholz; neben der Walnuss gibt es mehrere ausländische Nuss-Arten

Walnuss

Robinie

❑ Robinie

Stammt aus Nordamerika, sehr raschwüchsig, lichtbedürftig; starker Stockausschlag

3.4 STRÄUCHER

Während man früher alle Sträucher, aber auch Birken, Erlen, Zitterpappeln und Ebereschen als „Unhölzer" betrachtete, weiß man heute, dass auch die Sträucher zur Lebensgemeinschaft Wald gehören und wertvolle Aufgaben haben.

Sträucher erfüllen folgende wichtige Funktionen:

- Sie schützen den Boden an Waldrändern und Blößen gegen Austrocknung und in Steillagen gegen Abschwemmung.
- Sie verbessern den Boden durch ihre Streu bzw. teilweise auch durch stickstoffsammelnde Wurzelbakterien.
- Sie ermöglichen eine waldschonende Wildäsung und bieten nützlichen Vögeln Nistgelegenheit.

Störend sind Sträucher nur dort, wo sie größere Flächen überwuchern und den Nachwuchs der jungen Bäume erschweren bzw. verhindern.
Wie die Bodenpflanzen sind auch die Sträucher wertvolle **Standortanzeiger**. **Holler** und

Hasel

Heckenkirsche

rsche zeigen z. B. einen nähr- n Boden mit mildem Humus an. kommen wärmeliebender Sträucher, **asel, Schneeball** und **Weißdorn,** erkennen, dass auf ihrem Standort eist auch die Eiche, jedenfalls aber die Buche gedeihen könnte. **Elsbeere, Mehlbeere** und **Zwergholunder** zeigen einen gewissen Kalkgehalt des Bodens an. Der **Faulbaum** (Pulverholz, Hundsbeere) deutet auf eine Wasserführung in tieferen Bodenschichten. **Schlehe, Sauerdorn** (Berberitze), **Wilde Rose** und **Wacholder** weisen auf eine Beweidung durch Vieh und damit auf eine Bodenverdichtung hin.

Schlehdorn

4. FORMEN DES FORSTBETRIEBES

Abhängig von den Standortverhältnissen, dem Waldaufbau sowie regionalen Gewohnheiten gibt es mehrere Möglichkeiten für die Art der Waldbewirtschaftung, die als **Betriebsformen** bezeichnet werden. Alle diese Betriebsformen haben das Ziel, nachhaltig möglichst viel Holz zu ernten und gleichzeitig für die Wiederverjüngung des Waldes zu sorgen. Die Beurteilung der verschiedenen Verfahren muss somit die Holzernte und die Wiederverjüngung berücksichtigen.
Neben diesen Betriebsformen gibt es **Sonderbetriebsformen,** die zwar auch der Erzeugung von Holz dienen, wegen zu geringer Vegetationsfläche oder Umtriebszeit forstrechtlich aber nicht als Waldbewirtschaftung angesehen werden, sondern der landwirtschaftlichen Produktion zuzurechnen sind (z. B. Energieholzanbau).

4.1 BETRIEBSFORMEN IM HOCHWALD

- Kahlschlagbetrieb
  - Großkahlschlag
  - Saumkahlschlag
- Dauerwaldbetrieb
  - Femelschlag
    - Ringfemel
    - Saumfemel
  - Plenterung
  - Schirmschlag

4.1.1 Kahlschlagbetrieb

Beim Kahlschlagbetrieb werden ein ganzer Bestand oder Teile desselben zur Gänze abgeholzt (ausgenommen: wertvolle Samenbäume, z. B. Lärche).

Durch den Kahlschlag entsteht eine Waldblöße, die dann wieder aufgeforstet oder auf kleinen Flächen durch Samenanflug natürlich verjüngt wird.
Der Kahlschlag erleichtert die Schlägerung und den Abtransport des Holzes, weshalb er die verbreitetste Betriebsform darstellt.

- Kahlschläge, die größer als 0,5 Hektar sind, müssen vor Schlägerung bei der Forstbehörde angemeldet werden.
- Kahlschläge müssen innerhalb von 5 Jahren aufgeforstet werden. Bei natürlicher Verjüngung muss diese innerhalb von 10 Jahren gesichert sein.

Großkahlschlag

❑ Großkahlschlag

Kahlschläge mit einer Fläche von über 2 ha oder mit einer Breite von über 50 m sind abzulehnen, weil nicht nur ihre Aufforstung schwierig ist, sondern auch die Bodenverhältnisse durch Erosion, Austrocknung und Verwilderung beeinflusst werden.

Das Forstgesetz verbietet im Allgemeinen Kahlschläge, die
- breiter als 50 m und größer als 2 Hektar sind,
- schmäler als 50 m und länger als 600 m sind.

Große, gleichaltrige Bestände sind rechtzeitig durch Aufhiebe, das sind 20–30 m breite Streifen, zu unterteilen, damit sich Windmäntel bilden können. Die Nutzung soll auf der Seite, die der Hauptwindrichtung abgewandt ist, beginnen. Jüngere Nachbarbestände können vor Windschäden bewahrt werden, wenn an der Bestandsgrenze schmale Aufhiebe gemacht werden.

❑ Saumkahlschlag

Weniger nachteilig sind schmale Kahlschläge, sogenannte **Saumkahlschläge**, die

Saumkahlschlag

nicht breiter als ein bis eineinhalb Baumlängen sind. Sie sind meist durch Nachbarbestände geschützt und teilweise überschattet. Im Gebirgswald sind sie oft die einzig mögliche Wirtschaftsform.

Kahlschläge sollen vorwiegend in Form von Saumkahlschlägen vorgenommen werden.

Auf solchen Schlägen kann bei günstigen Bedingungen (Nordsaum) eine natürliche Verjüngung erfolgen, die durch „Überhälter“ (Lärche, Föhre) unterstützt wird. Der Hiebfortschritt muss langsam sein, da sonst ein Großkahlschlag entsteht.

4.1.2 Dauerwaldbetrieb

Beim Dauerwaldbetrieb wird der Wald nie großflächig kahlgeschlagen.

Im Gegensatz zur Kahlschlagwirtschaft entstehen dadurch keine Holzzuwachslücken. Die Waldverjüngung erfolgt durch Samenanflug oder Aufschlag unter dem Schirm des meist ungleichaltrigen Bestandes, der erst nach und nach durch die Nutzung der hiebreifen Stämme freigestellt wird. Erschwert ist vor allem die Holzernte.
Gebräuchliche Betriebsformen der Dauerwaldwirtschaft sind:

❑ Femelschlag

Femelschlag

Bei dieser Betriebsform erfolgt die natürliche Verjüngung von kleinen Verjüngungskernen aus, die meist von selbst in Lücken und lichteren Stellen (z. B. innerhalb des Bestandssaumes) entstehen. Die gesamte Verjüngung eines Bestandes dauert viele Jahrzehnte und es können dadurch nicht nur Schatt- und Halbschattbaumarten, sondern auch Lichtbaumarten im Sinne eines standortgemäßen Mischwaldes verjüngt werden. Der gesamte Bestandsaufbau ist gruppen- und horstweise ungleichaltrig und, weil unter dem Altholzschirm herangezogen, nicht grobastig oder protzig, sondern von hervorragender Qualität. Die Entnahme der hiebreifen Bäume erfolgt beim Femelschlagbetrieb so, dass die natürlichen Verjüngungskerne allmählich erweitert werden. Je nachdem, wie dies geschieht, unterscheidet man zwischen Ring-(Loch-)- und Saumfemelschlagbetrieb.

Beim Ringfemelschlag werden die Verjüngungshorste durch „Rändelhiebe“ der hiebreifen Stämme freigestellt.

Der Jungwuchs erhält dadurch mehr Licht. Diese Betriebsform ist allerdings nur im Flach- und Hügelland anwendbar, weil das geschlägerte Holz zufolge der meist kreisförmigen Rändelhiebe schwieriger zum Ausbringen ist. In Berglagen, wo das Holz zumindest über kürzere Strecken in der Falllinie durch Erdriesung bergab oder mit dem Seil bergauf geliefert werden muss, ist die Verjüngung nur entlang der Altholzsäume im Bereiche der Falllinie möglich.

Beim Saumfemelschlag werden die Verjüngungen durch „Saumhiebe“ der hiebreifen Stämme am Altholzsaum freigestellt.

Dieses Verfahren ermöglicht auch im Gebirge eine Dauerwaldwirtschaft.

❑ Schirmschlag

ist eine Sonderform des Dauerwaldbetriebes in Buchenwäldern, bei dem die Lichtstellung großflächig durch allmähliche, gleichmäßige Auslichtung des Altbestandes erfolgt.

Schirmschlag

❑ Plenterung

Diese ist die klassische Form des Dauerwaldbetriebes und steht im größten Gegensatz zum Kahlschlagbetrieb, weil der Wald im Bestandesaufbau fast immer gleichbleibt.

Beim Plentern erfolgt die Nutzung einzelstammweise und ist auf die schlechtgeformten und hiebreifen Bäume ausgerichtet.

Der Plenterwald ist dadurch ungleichaltrig und umfasst Bäume jeden Alters vom Keimling bis zum über 100jährigen hiebreifen Baum.
Die Plenterung ist eine Wirtschaftsform mit hohen Holzvorräten auf dem Hektar und dementsprechend hohen Zuwachsleistungen. Nachteilig sind die schwierige Holzernte im Plenterwald und die Notwendigkeit eines besonders dichten Wegenetzes. Lichtbaumarten lassen sich kaum verjüngen. Wird die Nutzung zu stark, kann leicht ein „Plünderwald“ entstehen.

Plenterung

4.1.3 Vergleich von Kahlschlag und Plenterung:

	Kahlschlag	**Plenterung**
Holzanfall	konzentriert auf kleiner Fläche	verteilt über den gesamten Bestand
Holzernte und Holzbringung	relativ einfach	schwierig wegen Rücksicht auf Verjüngung und verbleibenden Bestand
Sortimentsverteilung	alle Dimensionen	vorwiegend Starkholz; günstiges Stück-Masse-Verhältnis
Verjüngung	meist künstlich	natürlich
Folgebestand	gleichaltrig, einförmig	ungleichaltrig, stufig, mehrschichtig
Pflegeaufwand	hoch für Kultur und Dickungspflege, Durchforstung	gering
Boden	Freifläche, Abschwemmung, Austrocknung, Nährstoffverluste möglich	bleibt bedeckt
Bestandesklima	wird zerstört	bleibt erhalten
Holzzuwachs	kurzzeitig unterbrochen	dauernder Zuwachs im Altholz bei gleichzeitiger Verjüngung
Bestandesrisiko	groß durch einförmigen Bestand	gering

Bei einer betriebswirtschaftlichen Beurteilung der beiden Betriebsformen ist der Plenterwald überlegen, da er außer den Holzerntekosten praktisch keine Kosten verursacht, während der Kahlschlag hohe Folgekosten für die Wiederaufforstung und die Kultur- sowie Bestandespflege aufweist.
Die Wahl der richtigen Betriebsform wird von der Dichte des Wegenetzes, Verjüngungsfreudigkeit, örtlichen Witterungs- und Schädlingsgefahren, Naturwaldtype, Seehöhe, Geländebeschaffenheit usw. beeinflusst. Katastrophen können zu einer Änderung geplanter Nutzungsformen zwingen. In Bann- und Schutzwäldern bestehen Vorschriften über die Art der Nutzung. Es empfiehlt sich, bei der Endnutzung den Rat eines Forstfachmannes einzuholen.
In der Praxis findet man die verschiedenen Betriebsformen vielfach nicht in reiner Form vor.

Der Waldbesitzer soll die Betriebsform nicht starr, sondern jeweils aufgrund der bestehenden Voraussetzungen festlegen.

4.2 BETRIEBSFORM NIEDER- UND MITTELWALD

Beim **Niederwaldbetrieb** wird der Bestand abgeholzt und aus Stockausschlägen und Wurzelbrut neu begründet. Das Holz wird vorwiegend als Brennholz verwendet.

Stockausschlag

Die Umtriebszeit ist mit 20 bis 40 Jahren relativ kurz. Bei längerer Umtriebszeit leidet die Ausschlagskraft der Stöcke.
Nach der Ausschlagsfähigkeit finden wir im Niederwald hauptsächlich Laubbäume wie Eiche. Hainbuche, Bergahorn, Robinie, Edelkastanie, Erle und Weide.
Niederwald hat keinen hohen Wertertrag. Daher wird teilweise versucht, ihn in einen Hochwald überzuführen. Als Zwischenstufe ist der **Mittelwald** möglich, in dem schönere Aufwüchse stehenbleiben und der Rest niederwaldartig genutzt wird.

4.3 SONDERBETRIEBSFORMEN

Die folgenden Betriebsformen dienen der Holzproduktion außerhalb des Waldes auf landwirtschaftlichen Flächen.

4.3.1 Flurholzanbau

Flurholzanbau nennt man die Holzproduktion auf Flächen, die von der Größe her nicht Wald sind.

Solche Flächen sind Baumstreifen unter 10 m Breite entlang von Bach- und Flussufern, Wegrändern, Feldgrenzen usw.

Flurholz wird meist niederwaldartig genutzt und vorwiegend als Brennholz verwendet.

Flurholzanbau

4.3.2 Energieholzanbau

Energieholzanbau verfolgt den Zweck, auf landwirtschaftlichen Flächen in möglichst kurzer Zeit möglichst viel Biomasse zur energetischen Nutzung, meist in Form von Hackgut, zu produzieren.

Die als Energieholz verwendeten Baumarten sollen

- raschwüchsig sein,
- rasch eine hohe Massenleistung erbringen,
- nach der Ernte wieder aus dem Stock austreiben.

Energieholzanbau

Diese Eigenschaften erfüllen am ehesten Pappel, Weide, Erle, Robinie und Birke.
Pappel und Weide können mittels Stecklingen ausgepflanzt werden. Dafür soll die Fläche allerdings gepflügt und geeggt sein, damit die Austriebe nicht durch Unkrautkonkurrenz verdrängt werden. Bei den anderen Baumarten erfolgt die Begründung mit bewurzelten Pflanzen.
Wichtig ist, dass bei der Anlage der Kultur durch ausreichende Pflege ein optimaler Anwuchs sichergestellt wird. Sobald der Bestand flächendeckend ist, ist keine Pflege mehr notwendig.
Um hohe Massenleistung zu erzielen, muss der Energieholzanbau auf guten landwirtschaftlichen Standorten erfolgen. Dort bietet er eine Alternative zu Überschussproduktion in der Landwirtschaft. Durch die intensive Nutzung ist meist auch eine Düngung notwendig, um den Nährstoffentzug auszugleichen.
Die Umtriebszeit beträgt je nach Baumart, Pflanzenverband und gewünschter Stärke zwischen 4 und 20 Jahren.

Die Ernte erfolgt in der Saftruhe, damit die Ausschlagsfähigkeit nicht leidet. Das geerntete Holz wird entweder gelagert, damit es abtrocknen kann, oder gleich bei der Ernte verhackt; dann ist eine Nachtrocknung des Hackgutes notwendig.

4.3.3 Christbaumkultur

Christbaumkulturen werden vor allem auf Grenzertragsböden angelegt. Geeignete Baumarten sind neben der einheimischen Fichte und Tanne vor allem ausländische Nadelbäume wie Blaufichte, Nordmannstanne, Große Küstentanne, Pazifische Edeltanne und Omorikafichte.

5. AUFSCHLIESSUNG DES WALDES

Die Aufschließung des Waldes ist Voraussetzung für seine rationelle Bewirtschaftung. Die **Generalerschließung** erfolgt durch Forststraßen (dauernde Anlagen). Zur zusätzlich notwendigen **Feinerschließung** (zeitweilige Anlagen) dienen Rückegassen, Rückewege und in Steillagen Seilgassen.
„Allwetterstraßen“ haben einen höheren Ausbaustandard, „Schönwetterstraßen“ dürfen nur bei Trockenheit oder Frost befahren werden (billigere, vielfach ausreichende Anlagen).
Laufende Instandhaltung und periodische Instandsetzung von Erschließungsanlagen sind besonders wichtig.
Forststraßen sind Betriebsflächen, die dem Transport sowie als Arbeits-, Lager- und Verladeplatz dienen.

5.1 GENERALERSCHLIESSUNG

5.1.1 Forststraßenbau

Forststraßen sind für den Verkehr von Kfz und Fuhrwerken bestimmte, nichtöffentliche Straßen mit den dazugehörenden Bauwerken, die der Bringung und dem wirtschaftlichen Verkehr innerhalb der Wälder sowie der Verbindung zum öffentlichen Verkehrsnetz dienen, und für eine Dauer von mehr als einem Jahr angelegt werden (Forstgesetz 2002).

Der Bau einer Forststraße muss bei der Bezirkshauptmannschaft angemeldet werden und bedarf einer forstrechtlichen Bewilligung. Eine naturschutzrechtliche Bewilligung ist von den jeweiligen Landesgesetzen abhängig.
Das Forstgesetz schreibt vor, dass die Planung und Bauaufsicht von Forststraßen befugten Forstfachkräften vorbehalten ist. Befugte Fachkräfte für die Planung sind Absolventen der Universität für Bodenkultur Fachrichtung Forstwirtschaft und Wildbach- und Lawinenverbauung. Die Bauaufsicht dürfen zusätzlich Absolventen der Höheren Bundeslehranstalt für Forstwirtschaft (Försterschule) ausüben.

Die Öffentlichkeit hat das Recht, private Forststraßen zu begehen. Verboten oder an eine ausdrückliche Genehmigung des Waldbesitzers gebunden sind das Fahren, Reiten, Radfahren, Schlittenfahren und Lagern während der Nachtstunden im Wald.

Maßstäbe für die Aufschließung des Waldes durch Forststraßen:

Straßendichte (lfm/ha) $= \frac{\text{Straßenlänge in Laufmeter (lfm)}}{\text{Waldfläche in Hektar (ha)}}$

Aufschließungsgrad (%) $= \frac{\text{Erschlossene Waldfläche (ha) x 100}}{\text{Gesamte Waldfläche (ha)}}$

Straßenabstand (m) $= \frac{\text{1 Hektar (in m}^2\text{)}}{\text{Straßendichte}}$

Mindestanforderungen an Forststraßen im Wirtschaftswald

- Straßendichte 30 bis 60 lfm/ha
- Straßenabstand 160 bis 350 m
- Fahrbahnbreite mindestens 3,50 m
- Planumbreite (Fahrbahn + Bankett + bergseitiger Graben) 4,50 m
- Längssteigungen wechselnd 5 bis 10 % (12 % auf kurzen Strecken)
- Querneigungen (Wasserabfluss) 3 bis 4 %
- Kurvenradien mindestens 8 m (von Wegmitte gemessen)
- Kurvenlängssteigung höchstens 6 %

Die Straßendichte und der Wegabstand hängen von den jeweiligen Standortsverhältnissen, der Geländeform aber vor allem von der jeweiligen Nutzungsform ab. Fahrbahnbreiten wechseln (im Gegensatz zu anderen Straßen), da Arbeits- und Lagerplätze für Rundholz erforderlich sind. Überschüssiges Baumaterial muss fachgerecht, schonend und nach den entsprechenden Bestimmungen gelagert werden.
Kurven und Kehren müssen mit dem notwendigen Minimalradius von 8 Meter, einer Kurvenverbreiterung, einem Übergangsstück, einer innenliegenden Sichtberme und einer außenliegenden Langholzberme, einer maximalen Querneigung von 3–4 % und einer maximalen Längsneigung von 5–6 % ausgestattet sein.

Wichtige Wegbaumaschinen sind:

- **Erdbaumaschinen** (Planier- und Schubraupen, Laderaupen und Radlager, Bagger, die ab 60% Hangneigung zwingend vorgeschrieben sind)
- **Felsbaumaschinen** (Schrämm- und Bohrhämmer, Kompressoren, Hammerbagger)
- **Profiliermaschinen** (Motorgrader, Anhängegrader)
- **Verdichtungsmaschinen** (Glatt- und Gummiwalzen, Vibrationswalzen und -platten, Schaffußwalzen)

***Löffelbagger** beim Forststraßenbau*

- **Maschinen zur Verbesserung der Tragfähigkeit der Wege** (Bodenfräsen, Ortsmischmaschinen)
- **Transportfahrzeuge** (Lkw mit Allrad und Kippeinrichtung, Muldenkipper, Traktor-Kippanhänger)
- **Bohrlafette** (zum Bohren von Sprenglöchern in felsigem Gelände)
- **Mobile Bruchschotteraufbereitungsanlage** (Steinbrecher)

Je nach Schwierigkeit des Geländes können bei Einsatz der entsprechenden Maschinen pro Tag 40 bis 160 lfm Forststraße angelegt werden.

Der größte Feind der Forststraße ist das Wasser. Seine zerstörerische Wirkung beruht auf Abschwemmung, Eindringen in die Fahrbahn, Aufweichen und Verminderung der Tragfähigkeit, Ausdehnung beim Gefrieren sowie chemischer Lösung.

Wichtige Maßnahmen zur Wasserableitung

- Möglichst keine ebenen Wegstücke anlegen
- Hangentwässerung mittels Fanggräben
- Längsentwässerung durch Fahrbahngestaltung mit Spitz-, Dreiecks-, Trapez- oder Muldengraben
- Die Querentwässerung erfolgt mit einer entsprechenden Bombierung der Straße, oberirdisch mittels Furten, Weiderosten und Wasserspulen, unterirdisch mit Durchlässen aus Beton, Wellblech, Kunststoff oder Stahl

Spitzgraben *– mit Einlassschacht für einen Durchlass*

Den Übergang vom Weg zum Wald bilden die **Böschungen.** Sie sind der Erosion ausgesetzt und weithin sichtbar. Da die Böschungen Ausgangspunkt von Wegverschüttungen und Absacken ganzer Wege sein können, muss ihnen besondere Aufmerksamkeit geschenkt werden. Neben richtigen Böschungswinkeln können technische Bauweisen (Mauern, Steinschlichtungen, Drahtschotterkörbe, Krainerwände) und ingenieurbiologische Maßnahmen (Grünverbauung, Lebendverbauung) zielführend sein.

Krainerwand

Zur Sicherung von Böschungen und Querung labiler Hänge bewähren sich kombinierte Bauweisen am besten (Krainerwände aus Holz oder Steinschlichtungen, kombiniert mit Saat, Steckhölzern, ausschlagfähigen Ruten, bewurzelten Gehölzen).

Eine wirtschaftliche Erschließung des Bauern- und Kleinwaldes ist vielfach nur im Rahmen von Weggenossenschaften bzw. forstlichen Bringungsgemeinschaften möglich. Für den einzelnen Besitzer sollte ein Forstweg nicht zu einer „Hühnerleiter" werden, wo Kehre hinter Kehre liegt und große Flächen der Waldbewirtschaftung entzogen werden.

5.1.2 Forststraßenerhaltung

Der Waldeigentümer wird durch das Forstgesetz zur Erhaltung von Forststraßen verpflichtet. Haftung für Schäden durch schlechten Wegzustand regelt das „Allgemeine Bürgerliche Gesetzbuch".

Bei Verkehrsunfällen auf Forststraßen werden Kraftfahrgesetz und Straßenverkehrsordnung

sinngemäß angewendet. Gegen unbefugtes Befahren schützen absperrbare Schranken und Tafeln „allgemeines Fahrverbot“ mit der Inschrift „Forststraße“.
Die Ursache von Fahrbahnschäden sind insbesondere Baufehler, Einwirken von Wasser infolge mangelnder Ableitung, tiefe Radspuren, verlegte Seitengräben und Durchlässe, Schlaglöcher infolge schlechter Verdichtung des Oberbaues, Rückearbeiten bei Schlechtwetter. Maßnahmen, die hier entgegenwirken, ersparen Kosten für sonst notwendige Instandsetzungen.

*Je nach Witterung ist eine **Nachbesserung** der Forststraße mit **Grader** und **Walze** notwendig*

Grobsteinige, ausgeschwemmte Wege können mit Steinfräsen und anschließendem Graderzug wieder fahrtauglich gemacht werden.
Sehr weiche und instabile Forststraßen müssen mit einer entsprechenden Bruchschotterschicht von mindestens 30 cm stabilisiert werden. Das Einfräsen von biologischen Enzymen ist eine weitere Möglichkeit weiche, instabile Forststraßen zu festigen.

Wichtige Erhaltungsarbeiten

- Straßengräben und Einfallschächte reinigen
- Freihalten der Wasserspulen bzw. der Rohrdurchlässe
- Wegleiten stehenden Wassers vom Weg
- Behebung lokaler Fahrbahnschäden nach Rückearbeiten und Unwetter
- Schneestangen und Sichtpflöcke bei den Einfallschächten setzen
- Böschungen sichern (technisch, biologisch)
- Brücken auf Tragfähigkeit prüfen bzw. Belag, Tragwerk und Widerlager erneuern

5.2 FEINERSCHLIESSUNG

Die Rückung des Holzes vom Fällort zur Abfuhrstraße soll möglichst schonend für Waldboden, Bestand sowie das Holz selbst sein und rationell und unfallsicher erfolgen. Probleme gibt es dabei besonders im Gebirge.
Voraussetzung für die gewünschte Form der Rückung ist eine entsprechende Feinerschließung des Waldes.

5.2.1 Rückegassen

Rückegassen werden im Bestand unter Ausnutzung natürlicher Lücken möglichst gerade angelegt. Der Waldboden dient als Fahrbahn. Ihr Verlauf muss im ebenen bis hügeligen Gelände spitzwinkelig zur Straße und im steileren Gelände bis ca. 40 % in der Falllinie erfolgen.

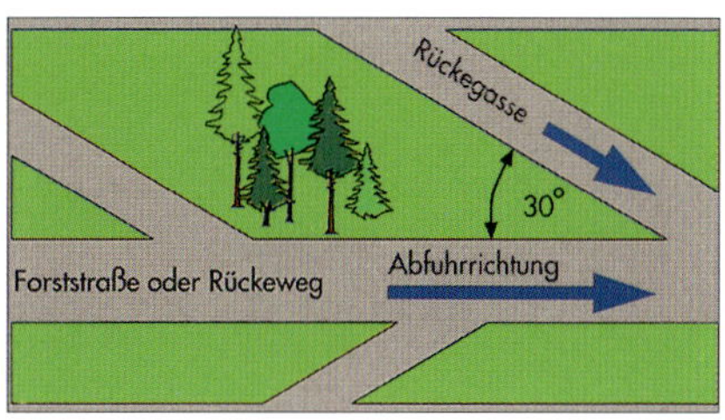

*Beispiel für **Rückegassen** im flacheren Gelände*

Vor Festlegung der Rückegassen sind die Arbeitsfläche, Abfuhrrichtung und die Lager- und Manipulationsplätze zu bestimmen sowie die Feinerschließung durch mehrmaliges Begehen der Arbeitsfläche zu erkunden.

Bei der **Anlage von Rückegassen** ist folgendes zu beachten:

- Gassenabstände 20 bis 30 m
- Gassenbreite je nach Art der Rückung 3 bis 4 m (Seilgasse ca. 2 m)
- Fischgrätenartig mit spitzem Ausfahrtswinkel in Forststraße einbinden
- Alte Wegtrassen möglichst mit berücksichtigen
- Kurvenvermeidung
- Randbäume schützen (Pflöcke, Baumstummel, Steine, Reisig)

5.2.2 Rückewege

Rückewege (Maschinenwege) sind mit geringem Aufwand erstellte Erdwege mit maximal 20 % Steigung und maximal 40 % Gefälle für Traktoren.

Sie dienen der Erschließung von Hängen mit 30 bis 60 % Neigung oder zur Überwindung von Steilstücken zwischen flacheren Waldflächen.

Rückeweg

Seilgasse

5.2.3 Seilgassen

Seilgassen werden in steilerem, nicht befahrbarem Gelände angelegt. In Verbindung mit Forststraßen verlaufen sie in der Falllinie oder auch schräg zum Hang.

Sie dienen dem Bodenzug auf Entfernungen bis ca. 70 m und dem Hebeschleifzug bis etwa 200 m. Für größere Entfernungen (150 bis 800 m) setzt man Tragseile (Seilkräne) ein.

Sortimentsverfahren

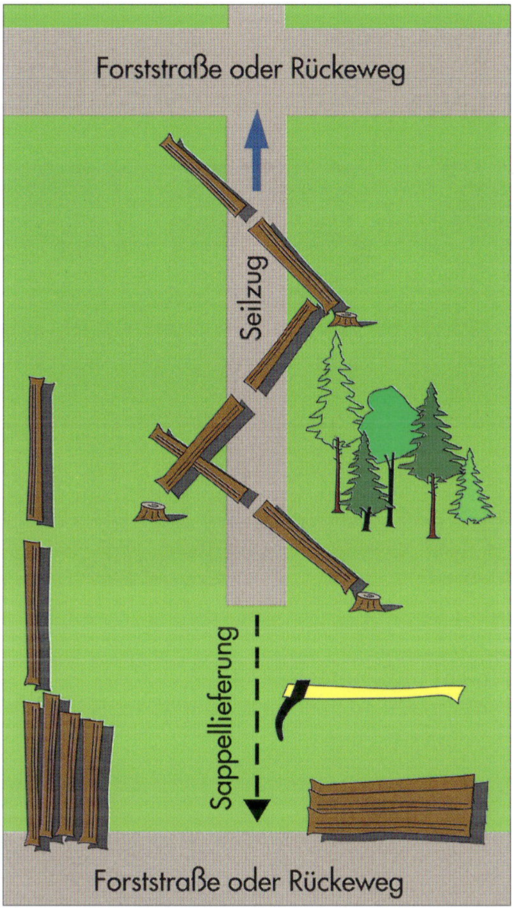

Stamm- oder Baumverfahren

Beispiel für Seilgassen

6. VERJÜNGUNG DES WALDES

Wird Waldboden brach liegen gelassen, bringt er nicht nur keinen Ertrag, sondern wird überdies auch schlechter. Nach jeder Entnahme hiebreifer Bäume aus dem Wald muss daher für einen raschen Nachwuchs junger Bäume gesorgt werden. Dies kann durch natürlichen Samenanflug (Naturverjüngung), Stockausschläge (Niederwald), Wurzelbrut (Erle) oder durch künstliche Verjüngung mit Aussaat oder Pflanzung junger Bäume (Aufforstung) geschehen.

6.1 REIN- ODER MISCHBESTAND

Der natürliche Wald ist ein **Mischbestand,** der sich je nach Standort aus bestimmten Baumarten zusammensetzt (Naturwaldtypen). Die vom Menschen vielfach angelegten **Reinbestände** einer einzigen Baumart (z. B. Fichtenreinbestand) entwickeln sich deshalb schlechter, weil aufgrund gleicher Wurzeltiefen und Lichtansprüche die natürlichen Möglichkeiten des Standortes nicht voll ausgenützt, der Boden verschlechtert und der Nährstoffkreislauf gestört wird.

Reinbestand

In Mischwäldern treten weniger Insektenschäden auf, da die reichere Vogel- und Raubinsektenwelt schädliche Insekten nicht aufkommen lässt.

In den höheren Lagen, wo Laubbäume nicht mehr entsprechend gedeihen, sind Mischbestände aus Fichte, Tanne und Lärche Nadelbaumreinbeständen überlegen.

Bei der Verjüngung des Waldes sollen keine Reinbestände, sondern standortgemäße Mischbestände angelegt werden, weil diese den nachhaltigsten Ertrag sichern.

Mischbestand

Bei der Aufforstung sollen die dem Hauptbestandteil beigemischten Baumarten nicht einzeln oder in Reihen, sondern in **Horsten** und **Gruppen** eingebracht werden. Einzeln eingemischte Jungpflanzen verschwinden später fast immer, weil im reifen Bestand nur mehr etwa ein Sechstel der aufgeforsteten Bäume vorhanden sind.

Bei natürlich durch Samenanflug, fallweise durch Stockausschläge oder Wurzelbrut verjüngten Beständen ist der Ausfall bzw. Abgang von Jungpflanzen um ein Vielfaches höher.

Richtig ist nicht die Einzelmischung, sondern die horst- und gruppenweise Laubbaumbeimischung von mindestens 5 bis 20 %.

6.2 NATURVERJÜNGUNG

Bei bestimmten Arten der Waldbewirtschaftung kann die Verjüngung des Waldes durch natürlichen **Samenanflug** (leichte Samen von Fichte, Lärche, Föhre, Birke usw.) oder **Samenaufschlag** (schwere Samen von Buche, Eiche, Nuss usw.) erfolgen.
Voraussetzung für die natürliche Verjüngung ist das Vorhandensein geeigneter **Samenbäume.** Weiters erforderlich sind **Standortbedingungen,** die das Ankeimen und die Weiterentwicklung der jungen Pflanzen ermöglichen.

Naturverjüngung ist nur bei Vorhandensein geeigneter Samenbäume und entsprechender Standortverhältnisse möglich.

6.2.1 Vorbereitung

Auf gesunden Böden verjüngt sich der natürliche Mischwald an jeder offenen Bodenstelle, an der genügend Licht vorhanden ist (z. B. Wegböschungen).
Auf schlechten Böden mit Auflagehumus keimen Samen nur schwer oder überhaupt nicht an; die Keimlinge selbst entwickeln sich schlecht.
Ein besseres Keimbett lässt sich durch **Bodenverwundung** (Aufreißen des Bodens) mit Aufforstungskrampen, Hauen, Forstfräsen, Pflügen, Pflanzlochbohrern u. dgl. erreichen.

Auf schlechten Böden erleichtert eine händische oder maschinelle Bodenverwundung die Naturverjüngung.

6.2.2 Naturverjüngung auf freien Flächen

Naturverjüngung auf freien Flächen ist nur mit Lichtbaumarten wie Lärche, Kiefer, Birke, Zitterpappel möglich.

Schatt- und Halbschattbäume vertragen die Standortbedingungen eines Kahlschlages (Trockenheit, Unkrautwuchs, Spätfröste usw.) nicht bzw. nur schwer.

Schmale oder kleine Kahlflächen können durch Randbesamung von einem angrenzenden Altholzbestand aus verjüngt werden.

Bei breiten Schlägen ist diese Art der Naturverjüngung nicht möglich.

Breite Flächen können durch den Samen stehengelassener Samenbäume verjüngt werden.

Derartige Samenbäume (Überhälter) sollen dabei möglichst gleichmäßig auf der Schlagfläche verteilt sein. Auszuwählen sind nur fehlerfreie Bäume mit gut entwickelter Krone, da nur dieses sich für die Nachzucht eignen.
Überhälter vermindern auch die Frostgefahr.
Lärchen und Föhren eignen sich gut als Samenbäume auf Freiflächen, da sie Tiefwurzler sind und eine dicke Borke haben, die sie vor Sonnenbrand schützt.

Naturverjüngung** im **aufgelichteten Altbestand

Je ha lässt man 4 bis 5 erstklassige Überhälter stehen.

Diese werden erst weggenommen, wenn genügend Pflanzen nachgewachsen sind.
Da Reinbestände nicht anzustreben sind, ist diese Art der Naturverjüngung erst dann erfolgreich, wenn sich unter dem Schutz des Jungwuchses Fichten, Tannen, Buchen usw. entwickeln (Anflug oder Aufforstung). Der Oberstand von Lärchen, Föhren usw. wird erst kräftig durchforstet, so dass die nachwachsenden anderen Baumarten einen entsprechenden Standraum erhalten.

***Samenbäume** (Lärchen-Überhälter)*

***Naturverjüngung** unter Schirm*

6.2.3 Naturverjüngung unter Schirm

Die im Dauerwaldbetrieb übliche Naturverjüngung „unter Schirm“ ist nur mit Halbschattbaumarten, wie Fichte, und Schattbaumarten, wie Tanne und Buche, möglich.

Den Schirm für die nachwachsenden Jungbäume bildet ein mehr oder weniger aufgelockerter Altholzbestand. Da der Lichtbedarf des Jungwuchses mit zunehmendem Alter ansteigt, müssen laufend Altbäume entnommen werden.
Bei zuviel Schatten bleibt besonders die Fichte in ihrem Wachstum stecken, was an kurzen Endtrieben und zausigem Wuchs erkennbar ist. Derartige Pflanzen erholen sich auch später kaum mehr.
Eine richtig durchgeführte laufende Verjüngung des Bestandes ermöglicht beste Zuwachsleistung ohne Aufforstungskosten. Die Zerstörung einzelner Jungpflanzen spart später notwendige Entnahmen bei der Jungwuchspflege.

6.3 AUFFORSTUNG

Alte Blößen und schlecht bestockte Flächen mit mehr oder weniger starker Verunkrautung, große Kahlschläge sowie Hutweiden und sonstige landwirtschaftliche Flächen, die bewaldet werden sollen, lassen sich im Allgemeinen nicht natürlich verjüngen; sie müssen „aufgeforstet“, d. h. durch **Pflanzung** oder **Saat** künstlich verjüngt werden.

Die Waldbegründung auf landwirtschaftlichen Grundstücken und die Waldverjüngung bei ungünstigen Standortverhältnissen sind nur durch Aufforstung möglich.

Jeder Schlag soll sobald wie möglich wiederaufgeforstet werden. Die früher wegen der Rüsselkäfergefahr eingehaltene Schlagruhe erübrigt sich wegen der wesentlich wirksameren chemischen Schädlingsbekämpfung. Bleibt ein Schlag lange liegen, wird der Boden schlechter, verunkrautet, und die Aufforstung wird erschwert.

Aufforstung

Die Wiederaufforstung soll so rasch wie möglich erfolgen.

6.3.1 Vorbereitung

Auf frischen Schlagflächen werden Äste, Reisig und Rinden (Schlagabraum) meist zusammengelegt, damit die Aufforstung leichter erfolgen kann.

Saatbeet

Verschulungsbeet

Auf stark verunkrauteten alten Schlägen muss der Aufforstung eine Säuberung vorausgehen. Dies gilt auch für die Bekämpfung von Wiederaustrieben abgeholzter Sträucher.
Der Einsatz von Herbiziden zur Beseitigung von Unkräutern und Sträuchern (z. B. Erle, Hasel) auf alten Schlagflächen vor der Aufforstung ist im Interesse des Umweltschutzes nicht mehr empfehlenswert und in Quellschutzgebieten verboten.

Von Sträuchern überwucherte Flächen müssen vor dem Aufforsten gesäubert werden.
Auf sehr ungünstigen Standorten (Nässe, Frostlagen) muss vielfach zunächst ein **Vorwald** aus besonders anspruchslosen Baumarten wie Erle, Birke, Föhre, Eberesche aufgeforstet werden.

In seinem Schutz kann dann später die Aufforstung der gewünschten Hauptbaumarten erfolgen.

6.3.2 Pflanzenmaterial

Die Baumartenwahl bei der Aufforstung richtet sich nach dem Betriebsziel und dem Standort.

Anzustreben ist eine Baumartenmischung von Nadel- und Laubbäumen, Tief- und Flachwurzlern sowie Licht- und Schattenbäumen.

Gesetzt werden sollen nur kräftige und regelmäßig gewachsene Pflanzen.

Diese können mit Spaten oder Kreuzhaue im eigenen Wald ausgegraben werden, wobei die feinen Faserwurzeln und Wurzelhaare dabei nicht zu sehr beschädigt werden dürfen, da die Pflanzen sonst nicht anwachsen (daher Pflanzen nie ausreißen).
Im Allgemeinen werden die Pflanzen von ihrem Erdballen vorsichtig befreit, mit feuchtem Moos oder Laub in Körbe oder Kunststoffsäcke gepackt und so zur Aufforstungsfläche gebracht.
Das Setzen von Ballenpflanzen (z. B. von LIECO), die am leichtesten anwachsen, kommt beim Nachbessern von Lücken in Jungkulturen oder auf Flächen, die sehr spät ausapern (z. B. in Hochlagen) in Frage, wobei im eigenen Wald gewonnene Ballenpflanzen nahe der Aufforstungsfläche sein sollten, da sonst der Arbeitsaufwand zu hoch wäre.
Im Allgemeinen werden die erforderlichen Jungpflanzen jedoch nicht selbst ausgegraben, sondern in einem Forstgarten gekauft. Dort erfolgt die Heranzucht der Pflanzen aus Samen.
Zur besseren Wurzel- und Kronenbildung werden ein- oder zweijährige Sämlinge teilweise aus dem Saatbeet in sogenannte Verschulbeete umgesetzt (verschult).

Die zur Aufforstung benötigten Pflanzen werden in der Regel im Forstgarten (Forstbaumschule) gekauft.

Beim Ankauf von Forstpflanzen ist auf folgende Angaben zu achten:

1. **Angaben der Baumart**
2. **Angabe des Alters**
   Beispiel: Fichte 2/2 = 2 Jahre Sämling und 2 Jahre verschult = 4-jährige Pflanze.
3. **Angabe der Größensortierung** (40–60 cm)
   Laubbäume bis zu 1,50 m Länge nennt man **Lohden,** mit mehr als 1,50 m Länge **Heister.** Am widerstandsfähigsten gegen Unkraut, Witterungseinflüsse und Wildverbiss sind große, verschulte Pflanzen.
4. **Angabe der Erkennungszeichen des Ausgangsbestandes**

Aufgrund der Naturwaldtypen wurde Österreich in nachstehende **9 Waldregionen (Wuchsgebiete)** eingeteilt, die noch in **Herkunftsgebiete** gegliedert wurden.

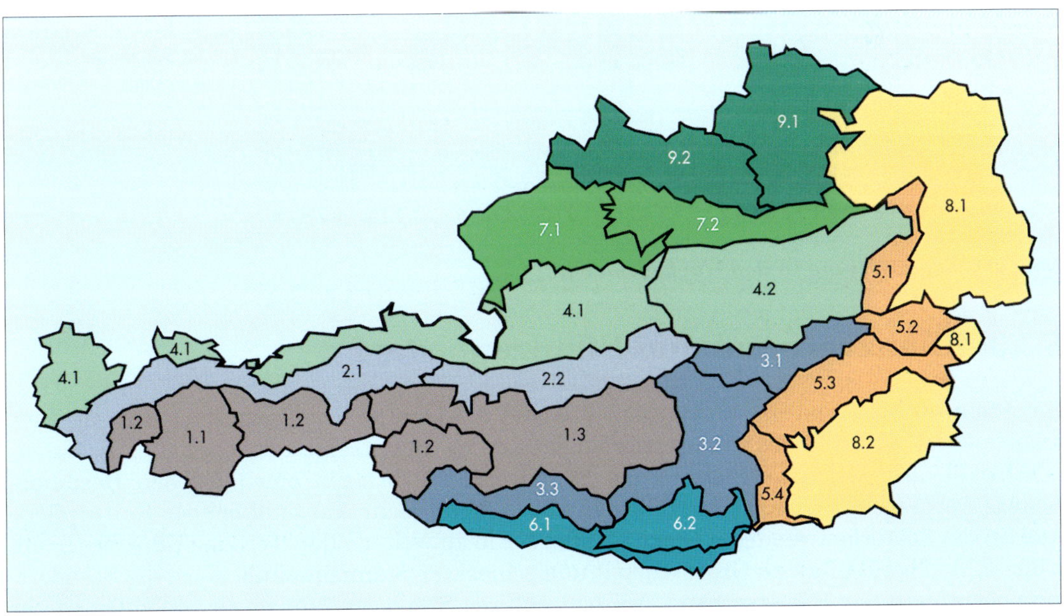

*Die **9 Waldregionen** (Wuchsgebiete) mit den Herkunftsgebieten in Österreich*

Gliederungsschema der Wuchsgebiete

1. Innenalpen
1.1 Innenalpen – kontinentale Kernzone
1.2 Subkontinentale Innenalpen – Westteil
1.3 Subkontinentale Innenalpen – Ostteil
2. Nördliche Zwischenalpen
2.1 Nördliche Zwischenalpen – Westteil
2.2 Nördliche Zwischenalpen –Ostteil
3. Östliche und Südliche Zwischenalpen
3.1 Östliche Zwischenalpen – Nordteil
3.2 Östliche Zwischenalpen – Südteil
3.3 Südliche Zwischenalpen
4. Nördliche Randalpen
4.1 Nördliche Randalpen – Westteil
4.2 Nördliche Randalpen – Ostteil
5. Östliche Randalpen
5.1 Niederösterreichischer Alpenostrand (Thermenalpen)
5.2 Bucklige Welt
5.3 Mittel- und Oststeirisches Bergland
5.4 Weststeirisches Bergland
6. Südliche Randalpen
6.1 Südliche Randalpen
6.2 Klagenfurter Becken
7. Nördliches Alpenvorland
7.1 Nördliches Alpenvorland – Westteil
7.2 Nördliches Alpenvorland – Ostteil
8. Sommerwarmer Osten
8.1 Pannonisches Tief- und Hügelland
8.2 Subillyrisches Hügel- und Terrassenland
9. Mühl- und Waldviertel
9.1 Mühlviertel
9.2 Waldviertel

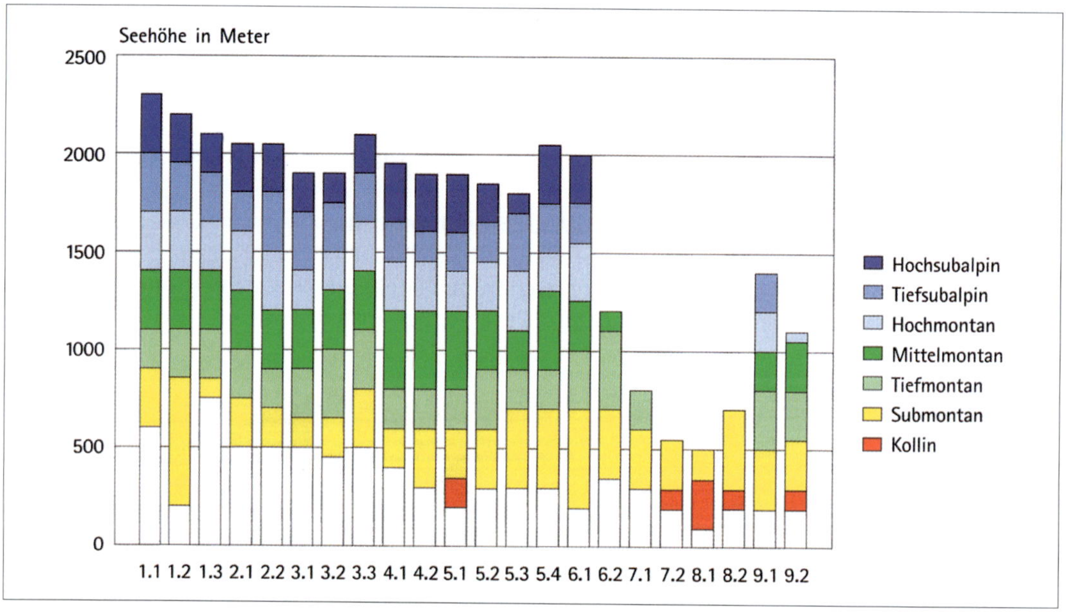

Höhenstufenverteilung in den Wuchsgebieten

6.3.3 Pflanzverband und Pflanzenbedarf

Der Pflanzverband gibt an, in welchem Abstand die Forstpflanzen angesetzt werden. Entscheidend für die Wahl des Pflanzenverbandes ist das angestrebte Betriebsziel (z. B. Nadelmischwald oder Eichenwertholz). Enge Pflanzverbände bringen einen raschen Bestandsschluss, verursachen aber höhere Pflanzenkosten sowie mehr Aufwand bei der Kulturpflege und bei der später notwendigen Dickungspflege. Ein zu weiter Pflanzverband führt bei Laubbäumen und bei Kiefern zu Grobastigkeit und schlechter Stammqualität. Auch die Standortgüte beeinflusst den Pflanzverband. Auf schlechteren Standorten soll enger, auf guten weiter gesetzt werden.

Pflanzverbände

Fichte	2x2 – 2x3 m
Kiefer	1x1 m
Lärche, Douglasie	2x3 m
Laubbäume	1x1 – 8x8 m
Pappelheister	5x7 m

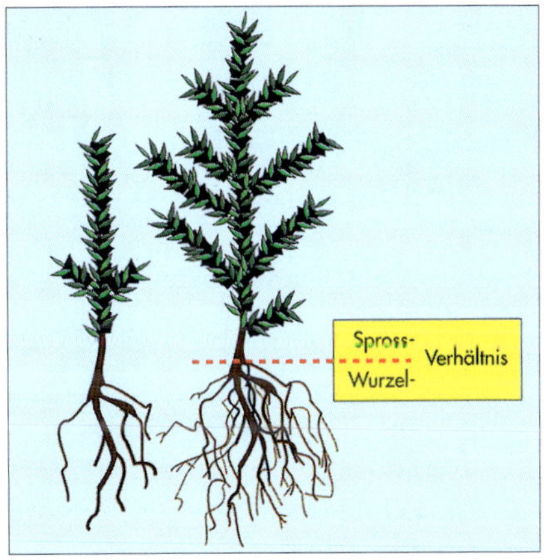

Sämling** und **verschulte Pflanze

Bei der Begründung von Mischwäldern sollen die Mischbaumarten horst- oder gruppenweise eingebracht werden.
Der Pflanzverband ist ausschlaggebend für den Pflanzenbedarf.

$$\text{Benötigte Pflanzenzahl} = \frac{\text{Aufforstungsfläche (m}^2\text{)}}{\text{Platzbedarf einer Pflanze (m}^2\text{)}}$$

6.3.4 Pflanzenbehandlung

Obwohl Forstpflanzen sehr widerstandsfähig sind, werden sie durch das Ausheben und die Manipulation im Forstgarten, sowie durch den Transport bis zur Aufforstungsfläche stark mitgenommen. Es ist daher wichtig, insbesonders ihre Wurzeln bis zum Einsetzen im Wald möglichst schonend zu behandeln.

Die Forstpflanzen, vor allem ihre Wurzeln, sind vor dem Austrocknen zu schützen.

Während des Transportes der Pflanzen können diese durch Abdeckung mit Moos, Plastiksäcken, Planen usw. vor Austrocknen infolge Sonnenbestrahlung und Wind geschützt werden. Der Transport selbst ist so rasch wie möglich, am besten in lichtundurchlässigen Frischhaltesäcken, durchzuführen.

Die Pflanzen sind rasch zu transportieren und dabei feucht zu halten.

Die Pflanzen dürfen nicht im Wagen liegen gelassen werden, sondern sollen sofort ausgepackt und an einem kühlen, schattigen Platz, möglichst in der Nähe der Aufforstungsfläche, in Erde eingeschlagen werden. Dort verbleiben sie bis zum Aussetzen. Zum Einschlagen wird ein kleiner Graben ausgehoben, in dem die Pflanzen schräg und nicht zu dicht (keinesfalls büschelweise) nebeneinander aufgestellt und im Bereich der Wurzeln gut mit Erde bedeckt werden. Danach sind sie durch vorgesteckte Äste gegen Sonne und Wind zu schützen und nach Möglichkeit zu befeuchten (auch mit Schnee).

In der Zeit bis zum Aussetzen sind die Pflanzen in Erde einzuschlagen.

Das Anwachsen der ausgesetzten Pflanzen wird durch die Wurzelbehandlung beeinflusst. Misshandelte Wurzeln sterben und faulen, wobei die Fäulnis auf den Stamm übergreifen

*Das **richtige Einschlagen** der **Forstpflanzen***

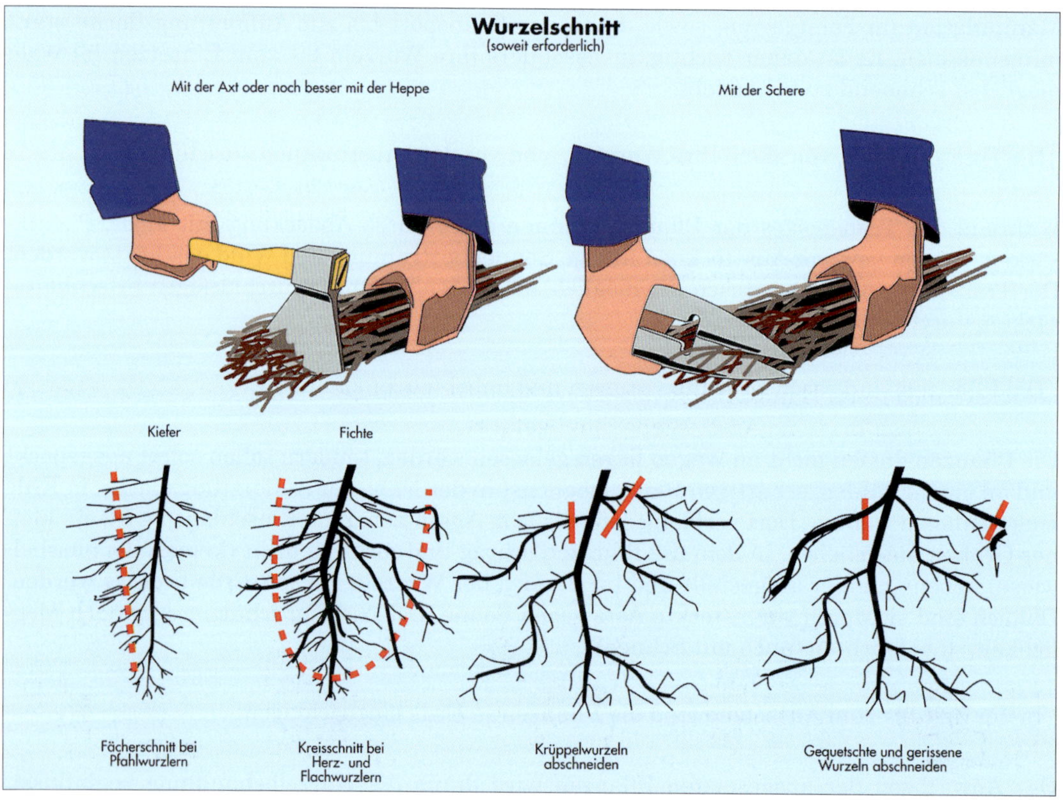

*Das **richtige Kürzen** der **Wurzeln***

kann. Bei vertrockneten Wurzeln verdorren die Pflanzen. Beim Aufforsten sollen sie daher nicht in der Hand getragen werden, da sonst die feinen Haarwurzeln sofort vertrocknen.

Beim Aufforsten sind die Pflanzen im Pflanzenkisterl, Plastikeimer, in der Kulturschürze, Pflanztasche usw. zu tragen und an den Wurzeln feucht zu halten.

Überlange Wurzeln sind beim Setzen hinderlich und kommen selten richtig in die Erde. Es ist deshalb zweckmäßig, sie mit einem scharfen Messer oder einer Hacke auf einer glatten Unterlage zu kürzen (siehe Skizze). Wird zuviel gekürzt, gehen die Pflanzen ein.

Überlange Wurzeln erschweren das Setzen und sollen deshalb etwas gekürzt werden (Wurzelschnitt).

Um die Wurzeln vor dem Austrocknen zu schützen und ein leichteres Anwachsen zu erreichen, können sie auch in einen nassen Erdbrei, keinesfalls nur in Wasser, getaucht werden (einschlämmen).

6.3.5 Aufforstungsgeräte

Viele der früher gebräuchlichen Aufforstungsgeräte werden aufgrund verbesserter Arbeitsmethoden beim Aufforsten nicht mehr benötigt.
Die wichtigsten Aufforstungsgeräte sind:

- Kulturkrampen
- Wiedehopfhaue
- Kulturhaindl

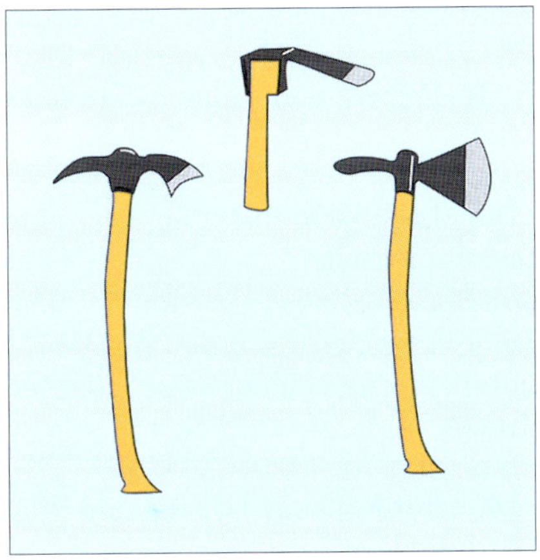

Aufforstungsgeräte *(Kulturkrampen, Kulturhaindl, Wiedehopfhaue)*

6.3.6 Aufforstungsmethoden

Die wichtigsten Methoden beim Setzen der Pflanzen sind:

❑ Winkelpflanzung

Bei dieser modernen Handarbeitsmethode werden das Lochmachen und Setzen der Pflanzen von einer Person in einem Arbeitsgang durchgeführt.

Die Winkelpflanzung ist eine Einmannmethode.

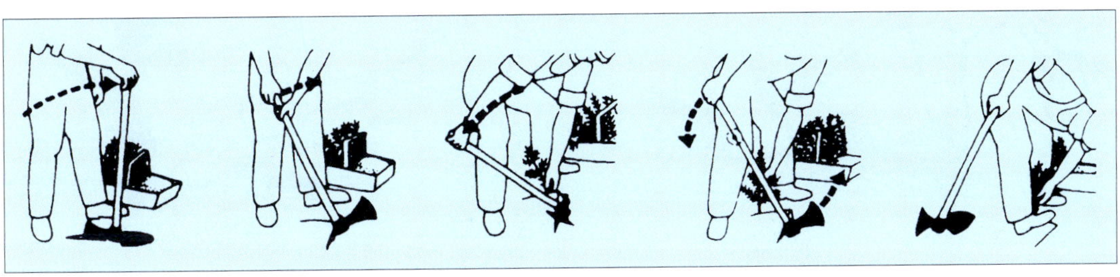

Arbeitsablauf bei der ***Winkelpflanzung***

Da das natürliche Bodengefüge und damit die für die Wasserführung wesentliche Kapillarität kaum gestört werden, wachsen die Pflanzen leicht an.

Die Winkelpflanzung eignet sich nicht für sehr steinige Böden und für starke Pflanzen mit langen Wurzeln.
Die erforderlichen Geräte für die Winkelpflanzung sind Pflanzbehälter (Kisterl, Eimer, Schürze, Pflanztasche) und Wiedehopfhaue.

Winkelpflanzung

❑ Lochflachpflanzung

Während eine Person die erforderlichen Pflanzlöcher macht, werden die Pflanzen (z. B. Fichte) von einer zweiten Person gesetzt.

Die Lochflachpflanzung ist eine Zweimannmethode.

Die Pflanze wird mit den ausgebreiteten Wurzeln auf den gewachsenen Boden gesetzt und mit Feinerde schichtweise überdeckt. Jede Schicht wird mit dem flachen Haindl festgedrückt.

Die erforderlichen Geräte sind Pflanzenbehälter, Kreuzhaue oder Kulturkrampen und Kulturhaindl.

❑ Lochpflanzung

Diese Methode ist für tiefwurzelnde Baumarten und für große Fichten mit weichen Wurzeln auf allen Böden geeignet.

Lochpflanzung

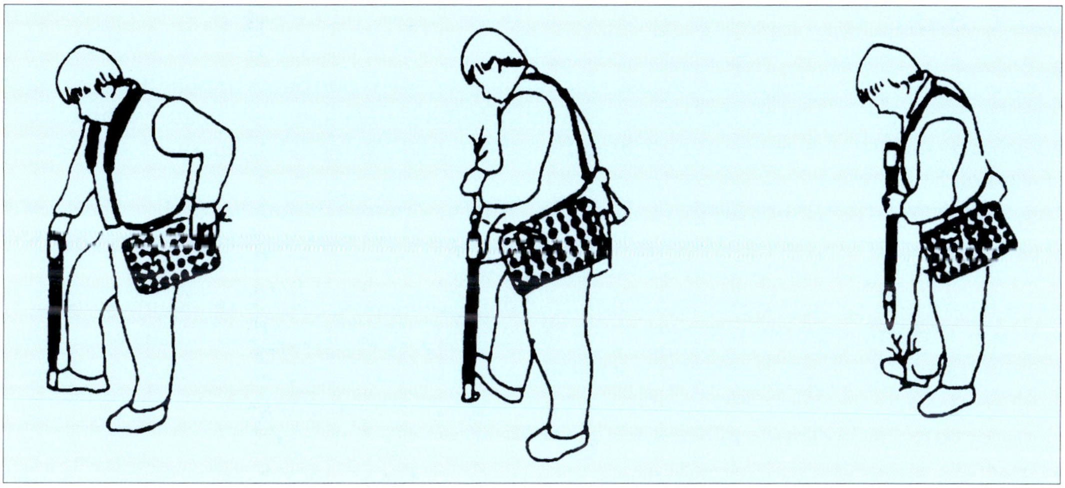

Containerpflanzung

❑ Ballenpflanzung

Diese Methode kommt in Sonderfällen bei ungünstigen Bodenverhältnissen (z. B. Hochlagenaufforstung) in Betracht. Zur eigenen Ballengewinnung dient ein Hohlbohrer.
Ballenpflanzen werden mit Erfolg auch in Forstgärten und Folientunnels gezogen und mit eigens für die Auspflanzung erzeugten Hohlbohrern sowie entsprechenden Rückentragen ausgepflanzt.
Mit Ballen- oder Containerpflanzen kann auf geeigneten Standorten während der ganzen Vegetationszeit aufgeforstet werden, was bei später Schneeschmelze in Hochlagen besonders vorteilhaft ist.

Containerpflanzen

❑ Hügelpflanzung

Diese Methode eignet sich für die Aufforstung von vernässten Standorten. Zunächst werden mit einem Tiefenpflug zwei tiefe Furchen gezogen und die Schollen gegeneinander gestürzt (Bifang). In die so entstehenden Hügel werden die Pflanzen mit einer der angeführten Methoden gesetzt. In den Gräben zwischen den Hügeln kann sich das Wasser sammeln bzw. bei Gefälle auch abfließen.
Achtung: Die Pflege der Vorflutgräben bis zur Kultursicherung und den geregelten Wasserabfluss ist Voraussetzung für den Erfolg.

6.3.7 Saat

Die Verjüngung durch Saat setzt meist eine entsprechende **Keimbeetvorbereitung** voraus (händische oder maschinelle Bodenverwundung). Saaten gelingen am besten auf Schattseiten, an schattigen Bestandsrändern, in lichten Beständen und Bestandslücken, nicht auf heißen, trockenen Standorten.
Die Samen mancher Baumarten (z. B. Esche, Ahorn, Linde, Hainbuche, Zirbe) überliegen gerne, d. h. sie gehen erst im zweiten Frühling auf. Dies lässt sich verhindern, wenn der Samen über den Winter im Sand im Keller belassen wird.
Bei allen Saaten können Vogel- und Mäusefraß den Erfolg gefährden. Zum Schutz sollen daher dem leicht angefeuchteten Samen vor der Aussaat etwa 50 g **Miniumpulver** je Kilogramm Saatgut als Beize beigemischt werden.

6.4 KULTURHILFEN

Um das Aufkommen einer **Kultur** (Bestand im Alter von 1 bis 10 Jahren) zu erleichtern, sind folgende einfache Kulturhilfen möglich:

6.4.1 Nachschau und Nachbesserung

Die Kulturnachschau im Frühjahr und Herbst in den ersten Jahren nach der Aufforstung gibt die Möglichkeit, umgefallene, durch Steine, Rinde oder Prügel überdeckte, vom Wild ausgetretene Pflanzen aufzurichten, bzw. zu befreien und abgestorbene Pflanzen im Rahmen der Nachbesserung zu ersetzen. Für die Nachbesserung werden gerne rascher wachsende Lichtbäume, wie Lärche und Föhre, verwendet.
Dabei ist wieder zu beachten, dass die Einzelmischung von Baumarten bei der Aufforstung diesen wenig Chancen gibt, in den späteren Altholzbestand einzuwachsen, weil sie zu stark dem Konkurrenzdruck unterliegen.
Die Mischung erwünschter Baumarten soll daher immer horst- oder gruppenweise erfolgen, wobei jeweils etwa 4 bis 8 Pflanzen gesetzt werden.

6.4.2 Pflegemaßnahmen

Dazu gehören das Freischneiden der Pflanzen von Unkraut und das Freihacken von Sträuchern. Die Bekämpfung mit chemischen Mitteln (sogenannten Wuchsstoffherbiziden) durch Spritzen oder Bestreichen ist aus Umweltschutzgründen nicht empfehlenswert und in Quellschutzgebieten verboten.

6.4.3 Kulturdüngung

Die Düngung kann, wie bereits besprochen, entweder durch Gründüngung oder durch Mineraldüngung erfolgen.
Bei **Lupinenbeisaat** werden am hangabwärtigen Rand des Pflanzloches 3 bis 5 Lupinensamenkörner eingesät, damit die Lupinen nicht das junge Bäumchen überwuchern. Auf sehr sauren Böden ist eine Startdüngung (Kalk) notwendig. Bei der Düngung mit **Mineraldün-**

gern werden am besten 20 bis 30 g Volldünger (1 Esslöffel voll) oder eine Düngertablette (etwa 3 Jahre wirksam) beigegeben.

Eine Kulturdüngung ist bei schlechten Böden zur Überbrückung des Pflanzschocks notwendig und auf sehr guten, stark zur Verunkrautung neigenden Böden sinnvoll, damit die Forstpflanzen möglichst rasch aus der Konkurrenzvegetation wachsen.

6.4.4 Vorwald

Auf schlechten Standorten ermöglicht vielfach nur ein Vorwald (Hilfswald) das Hochbringen der gewünschten Kultur. Als Vorwald eignen sich z. B. folgende Bäume:

Standort	Vorwaldbaumart
sonnig, trocken	Birke
schattig, viel Rohhumus	Eberesche
Hanglage mit Graswuchs	Zitterpappel
lehmige Böden	Salweide
trockene, steinige Böden	Mehlbeere
Böden mit Staunässe	Schwarzerle
Böden mit ziehender Nässe	Grauerle

Die Vorwaldbaumarten werden im Verband von 2 bis 3 m gesetzt.
Ist die Kultur gut herangewachsen, wird der Vorwald ausgelichtet. Nicht verwertbare Bäume köpft man in Brusthöhe und lässt sie liegen, oder man bestreicht ihre Stämme in Brusthöhe mit einer Herbizidlösung, wodurch sie allmählich absterben. Schöne, nutzholztüchtige Stämme lässt man am besten mit dem Bestand mitwachsen.

6.4.5 Kulturschutz

Die Kultur ist in erster Linie gegen den großen braunen Kulturrüsselkäfer, gegen Wild und gegen Weidevieh, aber auch gegen Verunkrautung zu schützen. Siehe dazu Kapitel 11.

7. ERZIEHUNG DES WALDES

Durch eine richtige Erziehung und Pflege des Waldes, beginnend bei der Kultur bzw. dem Jungwuchs, lässt sich seine Leistungsfähigkeit erhöhen und steigt seine Widerstandskraft gegen Umweltbelastungen (Waldsterben) und Forstschädlinge. Von wesentlichem Einfluss ist auch die Art der Endnutzung des Bestandes.

7.1 DICKUNGSPFLEGE

Dickungspflege *mit der* ***Motorsense***

Die Pflege des Jungwuchses (Jungmais oder Dickung = Bestand im Alter von etwa 10 bis 25 Jahren bzw. einer Höhe von 1,5 bis 5 m) erfordert viel Arbeit, ist aber eine wichtige Voraussetzung für den späteren Waldertrag. Allein durch das rechtzeitige **Entfernen von lästigen, alles überwuchernden Sträuchern** kann die Entwicklung der Jungbäume ungestört und ohne Beschattung erfolgen und können wertvolle Mischbaumarten erhalten werden.
Aber auch der **rechtzeitige Aushieb von grobastigen, vorwüchsigen Lichtbäumen,** wie Föhre und Eiche, gewährleistet das Heranwachsen von gutgeformten Baumarten, wie Fichten, Tannen und Ahorne. Nicht zuletzt müssen **dichte Naturverjüngungen aufgelockert** werden, da sie sonst als schlanke, gertenartige Dickichte leicht dem Schneedruck zum Opfer fallen. Bei dieser Standraumregelung sind auch kranke Bäume und Protzen sowie, bei entsprechender Überschirmung, krummwüchsige und zwieselige Bäume zu entfernen.

Die Dickungspflege umfasst die Entfernung stark drängender Sträucher und vorwachsender Lichtbaumarten sowie die Standraumregulierung. Sie wird auch **Stammzahlreduktion** genannt.

Wenn es das Gelände und die Eigentumsverhältnisse zulassen, sollte bereits bei der Jungwuchspflege auf die **Anlage von Rückegassen** geachtet werden. Diese erleichtern die Waldpflege, schonen den Bestand und verbessern dadurch den Waldertrag.

7.1.1 Selektive Baumentnahme

Die Dickungspflege kann durch **selektive (auslesende) Entnahme** der Bäume erfolgen, wenn die Bestandshöhe bei **1,5 bis 3 m,** jedenfalls aber unter 5 m liegt.

Die Bäume sind bei der selektiven Entnahme auf etwa folgende Abstände zu bringen:

- 1,5 m Kiefer
- 3,0 m Fichte, Tanne
- 3,5 m Lärche, Douglasie

Überwiegen in einem Bestand die **Laubbäume**, so sind sie in Horsten zu belassen.

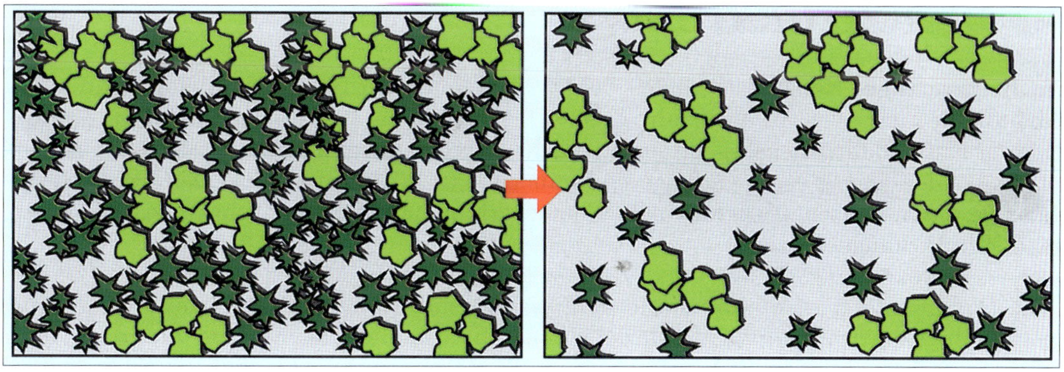

***Richtige Selektion** bei **starkem Laubbaumanteil** im Bestand*

Sind **zu wenige Laubbäume** vorhanden, so sollten sie bei der Stammzahlreduktion gefördert werden.

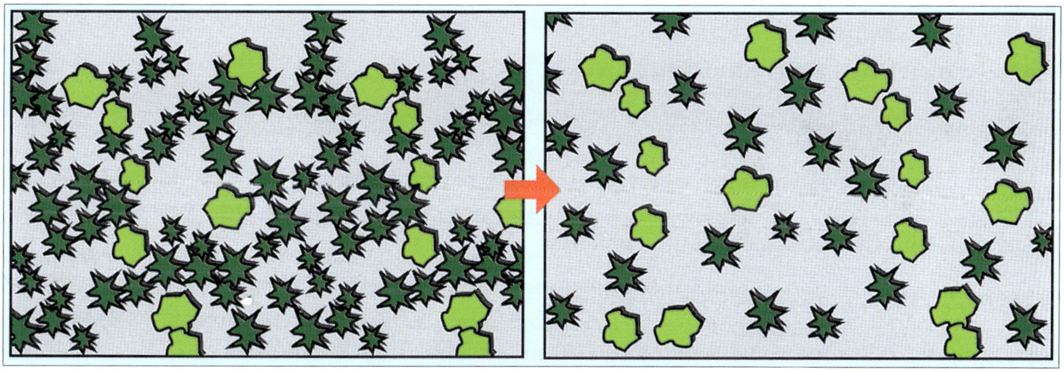

***Richtige Selektion** bei zu **geringem Laubbaumanteil** im Bestand*

7.1.2 Schematische Baumentnahme

Beträgt die Bestandeshöhe mehr als 3 m und ist der Bestand sehr dicht, so kann eine **schematische Entnahme** wirtschaftlich günstiger sein.

Im Bestand werden bei der schematischen Entnahme 2 bis 3 m breite Gassen in 2 bis 5 m Abstand geschlagen oder jede zweite oder dritte Reihe entnommen.

Oftmals ist eine Kombination von selektiver und schematischer Entnahme vorteilhaft.
Da vielfach nicht alle Pflegemaßnahmen im Wald sofort erledigt werden können, sollen sie nach ihrer Dringlichkeit durchgeführt werden.

Es ist wichtiger, den rechtzeitigen Zeitpunkt der Dickungspflege einzuhalten als jenen der Erstdurchforstung.

Bei der Stammzahlreduktion soll an die Gewinnung von Christbäumen gedacht werden.

7.2 DURCHFORSTUNG

Im Jungwuchs des Nadelmischwaldes stehen 2.500 und mehr Bäume je Hektar, während im **Altholz** (Bestand über 80 Jahre) nur noch 400 bis 600 Bäume stehen. Überlassen wir die Auslese der Natur, dann erfolgt sie oft negativ; d. h. protzige und grobastige Bäume (z. B. Kiefer) und die in der Jugend raschwüchsigeren Baumarten (z. B. Salweide, Birke, Zitterpappel) setzen sich durch, wirtschaftlich wertvolle Bäume verkümmern, oder der Schnee zerstört dichte, kronenarme Stangenhölzer.

Die Durchforstung ist die unmittelbare Erziehungsarbeit für die Heranzucht eines leistungsfähigen, gesunden und standortgemäßen Mischwaldes. Der Bestand wird dabei auf die erwünschte Zahl an **Zukunftsbäumen (Z-Bäumen)** gelenkt, die den Endbestand bilden sollen.

7.2.1 Zweck

Durch eine **richtige Durchforstung** erreicht man:

- **Mehr Wertzuwachs**

  Durch Entnahme der weniger wertvollen Bäume bzw. Baumarten (grobastige, vorwüchsige Lichtbaumarten, wie Föhre, Lärche, Eiche) und der kranken Bäume und Protzen wird der Zuwachs auf die wertvollen Bäume gelenkt.

- **Stärkere Durchmesser in kürzerer Zeit**

  Werden die Z-Bäume von Bedrängern befreit, so wird ihr Durchmesserzuwachs gefördert, wodurch sie früher den gewünschten Zieldurchmesser erreichen.

- **Standfeste Bestände**

  Durch die Durchforstung steigt die Standfestigkeit der Bäume und damit die Sicherheit der Bestände.

Ein Maßstab für die Standfestigkeit ist der sog. H/D-Wert.

$$\text{H/D-Wert} = \frac{\text{Baumhöhe in cm}}{\text{Brusthöhendurchmesser in cm}}$$

Ein H/D-Wert von 80 garantiert bei der Fichte ausreichende Stabilität bei befriedigender Qualität.

Bei einem günstigen H/D-Wert (80 und darunter) erreichen die Bäume ihr Zielalter.

Hoher H/D-Wert

*Beispiele für **günstigen** und **ungünstigen H/D-Wert***

- **Mehr Holz für Verkauf und Eigenverbrauch**

  Im Gegensatz zum natürlichen Ausscheiden von Bäumen (Todholz) bei der Entwicklung vom Jungbestand zum Erntebestand werden bei der Durchforstung mehr Bäume einer Verwertung zugeführt. Die Durchforstung ist daher nicht nur eine Pflegemaßnahme, sondern bringt auch einen Ertrag (Vor- und Zwischennutzung).

- **Gesunde Wälder**

  Durch die Durchforstung erhalten die Bestände mehr Licht und der Boden mehr Niederschlag. Durch bessere Kronen- und Wurzelentwicklung werden die Bäume widerstandsfähiger. Vorhandene Laubbaumzwischenbestände werden erhalten. Die Lebensgemeinschaft Wald wird gesünder.

7.2.2 Methoden

Auch ein gleichaltriger Waldbestand hat kein einheitliches Kronendach. Dieses ist vielmehr in ein **Hauptkronendach** aus den Stammklassen der **herrschenden** und **mitherrschenden** Bäume gegliedert, über welche einzelne **vorherrschende** Bäume hinausragen. Unter den Hauptkronen bleibt die Klasse der **beherrschten** und **unterdrückten** Stämme zurück.

Bei der **Hochdurchforstung** werden aus dem Hauptkronendach mitherrschende Bäume (Bedränger) entfernt, um den Konkurrenzkampf der Waldbäume, um das Licht auszuschalten und wertvolle Mischbaumarten zu fördern.

❑ Erste Auslesedurchforstung

Bei der Auslesedurchforstung soll zur Erhaltung und Entwicklung eines gesunden Kronendaches ausreichender Standraum für die einzelnen leistungsfähigen Bestandesmitglieder geschaffen werden. Neben den Bedrängern sind unbrauchbare Bäume (protzige, grobastige,

Vor** der **Erstdurchforstung

Nach** der **Erstdurchforstung

kranke, krumme, zwieselige Bäume) und unerwünschte Bäume (Salweiden, Birken, Erlen usw., die nicht im Sinne eines Mischwaldes erhalten werden sollen) zu entfernen. Der Eingriff bei der ersten Auslesedurchforstung ist daher in der Regel stark.

Die erste Auslesedurchforstung soll erfolgen, wenn bei Nadelbäumen die Dürrastzone 3 bis 5 m bzw. wenn bei Laubbäumen der Schaft 6 bis 10 m hoch astfrei ist.

Die Bestandshöhe beträgt zu diesem Zeitpunkt bei Nadelbäumen etwa 10 bis 20 m und bei Laubbäumen 20 bis 25 m.

Zunächst sind die Z-Bäume (Zukunftsbäume) auszuwählen, mit Farbmarkierband oder Farbe zu markieren und ihre Bedränger zur Schlägerung auszuzeigen.

Bei der Auswahl der Z-Bäume sind nachstehende Richtwerte zu beachten:

Baumart	**Standard-raumanspruch in m²**	**Durchschnittlicher Abstand der Z-Bäume in m**	**Angestrebte Anzahl der Bäume im Endbestand je ha**
Fichte, Tanne	25	5	400–600
Lärche, Kiefer, Douglasie	40	6–7	250–400
Buche	65	8–10	100–150
Eiche	100	10–12	80–100

In Mischbeständen sind die durchschnittlichen Abstände zu kombinieren (z. B. Buche neben Fichte 6 bis 7 m Abstand). Die Z-Bäume müssen nicht gleichmäßig verteilt sein. Enger beieinander stehenden Z-Bäumen (auch Baumgruppen) muss aber ein entsprechender Raum gegeben werden, d. h. benachbarte Z-Bäume müssen dann einen größeren Abstand halten.

Als Z-Bäume auszuwählen sind in Mischbeständen die wertvollen Baumarten, ansonsten die lebenskräftigen und am Ort standfesten Bäume und von diesen wiederum die qualitativ besseren.

Standfeste Z-Bäume sollen kräftig, weniger standfeste Z-Bäume müssen vorsichtig freigestellt werden.
Die Bedränger sind meist herrschende oder mitherrschende Bäume und haben deshalb einen größeren Durchmesser, was ihre Schlägerung wirtschaftlicher macht. Ob auch Bäume entnommen werden, welche die Z-Bäume nicht bedrängen, ist eine wirtschaftliche Frage. Unterständiges Material wird man nur bei guten Holzpreisen „mitnehmen".

Ein Laubbaumzwischenbestand ist zu schonen bzw. bei geringem Laubbaumanteil zu fördern.

Lichtbaumbestände (Lärche, Föhre, Eiche) sollten im Stangenholzalter stärker durchforstet werden, da sie sonst die Krone verlieren und als peitschende Stangen dem Schnee und Sturm zum Opfer fallen.
Wie bei der Auswahl der Z-Bäume und dem Auszeigen der Bedränger vorzugehen ist, zeigen nebenstehende Darstellungen: Aus waldbaulichen Gründen sind jene Bäume zu entnehmen, welche die Kronenentwicklung der Z-Bäume behindern.
Seltene, aber gewünschte Mischbaumarten sind rechtzeitig zu fördern und freizustellen. Dies gilt besonders für Lichtbaumarten.

Fichtenstangenhölzer auf ehemaligen landwirtschaftlichen Nutzflächen sollten frühzeitig und oft durchforstet werden.

Dadurch wird auch das Dickenwachstum gefördert. Bestände aus Erstaufforstungen werden erfahrungsgemäß frühzeitig wurzelfaul. Sie sollen daher frühzeitig geerntet werden.

Unterwuchs von Sträuchern soll bei der Durchforstungsarbeit besonders am Bestandesrand im Interesse des Bodenschutzes und der Bodenverbesserung geschont werden.

Der Waldbestand muss nicht „schön und sauber" wie ein Tanzboden sein.

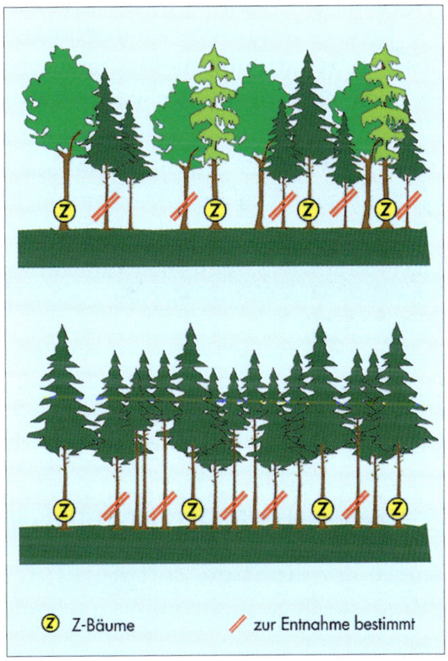

*Beispiele für die **Auswahl der Z-Bäume** bzw. **Auszeigen** von Bedrängern*

❑ Weitere Auslesedurchforstungen

Die nächste Auslesedurchforstung sollte erfolgen, wenn der Kronenraum der Z-Bäume neuerlich eingeengt wird.

Dies ist im Allgemeinen nach einem Höhenzuwachs von 3 bis 5 m.
Der Grundsatz lautet dabei: „Dem Tüchtigen freie Bahn!"

Wann und wie oft eine Durchforstung zu wiederholen ist, zeigen uns folgende drei Erscheinungen **(Weiser)** im betreffenden Bestand:

- **Länge und Form der Baumkronen**

  Sie dürfen nicht zu klein und einseitig werden; ihr Verhältnis zur Baumhöhe soll etwa 1:2 (Lärche 1:3) sein. Nur die grüne Baumkrone kann Holzzuwachs leisten.

- **Kronenschluss**

  Ist der Kronenschluss wieder erreicht, dann ist es Zeit, neuerlich zu durchforsten, um den Bäumen innerhalb des Bestandes Platz zu machen.

- **Bodenpflanzen**

  Ein zu dichter Bestand verliert seinen Pflanzenwuchs am Boden wegen Lichtmangels (Ausnahme Lichtbaumbestände).

Ungepflegtes, schwaches Stangenholz *mit spindeligen, überschlanken Bäumen und schlecht entwickelten Kronen*

Gleichaltriger, aber ***gepflegter Bestand*** *mit starken, wuchskräftigen Bäumen und gut entwickelten Baumkronen*

Ein zarter Flaum von Bodenpflanzen (Sauerklee, Waldmeister, Schattenblümchen usw.) zeigt, dass der Waldboden noch tätig ist. Er soll aus der Ferne grün, in er Nähe aber braun aussehen. Die früher gültige Regel „Mäßig, aber öfter durchforsten“ lässt sich heute aus arbeitswirtschaftlichen Gründen kaum mehr einhalten.

In einem wüchsigen Bestand sollte wenigstens 2- bis 3mal in Abständen von etwa zehn Jahren durchforstet werden.

Die Umtriebszeiten eines Waldbestandes liegen zwischen 80 und 120 Jahren, je nach Wüchsigkeit und Leistungsfähigkeit des Standortes.

❑ Verspätete Durchforstung

Wurde der **richtige Zeitpunkt der Stammzahlreduktion versäumt,** so kann die ideale Bestandspflege nicht mehr nachgeholt werden. Die Bäume haben schlechte H/D-Werte und kurze Kronen.

Sollten Z-Bäume ausgewählt werden, so geht Stabilität vor Qualität um die Stabilität des Bestandes nicht zu gefährden. Es werden unerwünschte Baumarten sowie protzige, kränkelnde, schlecht bekronte, unterdrückte oder dürre Bäume entnommen oder teilweise auch nur zu Boden gebracht.

Laubbaumbestände sollten geschont werden. Der Eingriff sollte schwach, aber dafür in kürzeren zeitlichen Abständen erfolgen (alle 3–5 Jahre; Höhenzuwachs 2–4 m).

Bei der schematischen Entnahme werden 3 m breite Gassen im Abstand von 10 bis 25 m geschlagen oder jede zweite bis vierte Reihe entnommen.

Schematische Eingriffe führen zur Feinerschließung der Bestände und sollten daher auf die Holzrückung abgestimmt werden (Rückegassen berücksichtigen).
In Mischbeständen, vor allem aber in Laubbaumbeständen, sollten schematische Entnahmen unterbleiben. Vorsicht auch in labilen Beständen über 10 m Höhe.

❑ Laubholzdurchforstung

Neben den ökologischen Vorteilen des Laubholzes

- Besserer Humuszustand
- Größere Sturmfestigkeit
- Vermeidung von Borkenkäfervermehrung

steht die Wertholzproduktion im Vordergrund. Nur dadurch kann die geringere Massenleistung bei Laubholz gegenüber der Fichte ausgeglichen werden.
Engere Pflanzverbände z. B. Eiche 5.000 St/ha, Esche ca. 3.500 St/ha, Ahorn ca. 4.500 St/ha und eine konsequente Auslesedurchforstung sind wichtige Voraussetzungen zur Wertholzproduktion. Um Holzentwertung durch Kernbildung z. B. bei Buche, Esche und Verfärbungen z. B. bei Ahorn zu vermeiden, sind kürzere Umtriebszeiten notwendig. Im Dickungsalter sollen keine Bäume entnommen werden, da dadurch die natürliche Astreinigung gefördert wird.
Die Durchforstung beginnt, wenn eine astfreie Stammlänge von ca. 1/4–1/3 der Endhöhe erreicht ist. Bei schlechten Standorten sind dies 4–6 Meter, bei guten Standorten 7–10 Meter astfreie Stammlänge.

Z-Stammauswahl:

- Mindestabstand 10–12 Meter, Z-Stammanzahl ca. 70–100/ha. Je nach Baumart verschieden.
- Vitalität: Nur Bäume mit guter Kronenentwicklung auswählen
- Qualität: Keine Aste im unteren Stammbereich, kein Zwiesel, kein Drehwuchs, keine Stammschäden und möglichst keine Krümmung.

Freistellen der Z-Stämme:

- Am Anfang 2–3 Eingriffe alle 10 Jahre, später weniger.
- Entnahme von 2–8 Bedrängern je Z-Baum und Eingriff.
- So kräftig, dass keine starken Äste aus dem Kronenbereich absterben.
- Vorsichtigere Eingriffe bei Gefahr von Wasserreiserbildung z. B. bei Eiche und Ahorn. Hier können Bedränger eventuell geringelt werden.

Häufige Fehler:

- Z-Bäume von geringer Vitalität – zu kleine Kronen

Laubholzdurchforstung

- zu später Beginn – Kronen können sich kaum mehr vergrößern
- zu viele Z-Bäume – Absterben von starken Ästen aus dem Kronenbereich durch gegenseitiges Bedrängen

Steht man vor der Entscheidung, jüngere Bestände oder Bestände, in denen eine Auslesedurchforstung versäumt worden ist, zu durchforsten, so soll man sich auf die wirtschaftlich bedeutsamere Auslesedurchforstung der jüngeren Bestände konzentrieren.

7.2.3 Zeitpunkt

In zu dichten Beständen rückt die Krone zu früh hinauf und beträgt bei einer Bestandshöhe von 5 bis 8 m nur mehr ein Viertel bis ein Drittel der Baumhöhe. Solche Bestände sind nicht lebensfähig und nicht standfest. Eine Durchforstung kommt dort zu spät. Solche Entwicklungen lassen sich nur durch vernünftige Pflanzenverbände oder durch frühe Stammzahlreduktion (besonders bei Naturverjüngungen) verhindern.

Der **richtige Zeitpunkt für die Durchforstungen** geht aus nebenstehender Aufstellung hervor:

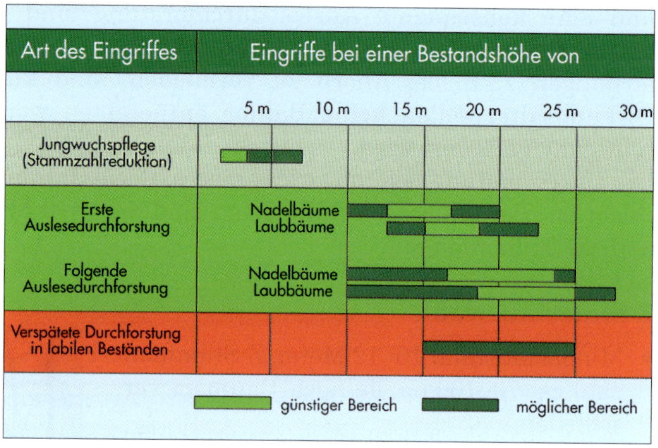

7.2.4 Durchführung

❑ Auszeige

Die wichtigste Vorbereitung für eine waldpflegliche Durchforstung ist die sorgfältige **Auszeige.**
Dabei werden die zur Schlägerung bestimmten Bäume Stamm für Stamm am besten durch einen Forstfachmann (Förster, Forstwart, Waldhelfer) gekennzeichnet. Voraussetzung für diese Arbeit sind Erfahrung und Einfühlungsvermögen.

Z-Bäume, die bis zum hiebreifen Alter erhalten bleiben müssen, sind am besten durch helle Farbringe zu kennzeichnen. Bäume, die zu entnehmen sind, können durch „Plätzen" mit der Hacke markiert werden.

Neben den waldbaulichen Überlegungen sind bei der Auszeige der zu entnehmenden Bäume auch arbeitswirtschaftliche Gesichtspunkte zu beachten.

Aus arbeitswirtschaftlichen Gründen sind etwa 3 bis 4 m breite Rückegassen im Abstand von 20 bis 30 m auszuzeigen, soweit dies nicht schon bei der Jungwuchspflege erfolgt ist.

Vor der Festlegung der Rückegassen sind die Arbeitsfläche, Abfuhrrichtung und die Lager- und Manipulationsplätze zu bestimmen sowie die Feinerschließung durch mehrmaliges Begehen der Arbeitsfläche zu erkunden.

❑ Fällung und Rückung

Um Schäden im Bestand zu vermeiden und den Arbeitslohne zu verdienen, sollte die Durchforstung selbst durchgeführt werden.

Es ist zweckmäßig, sich vor der Durchforstung mit dem Käufer ins Einvernehmen zu setzen, um das erwünschte Sortiment richtig ausformen zu können.

Die Fällungsarbeit sollte in Rückerichtung fortschreiten, und die Bäume sollten gegen die Rückerichtung bzw. zwischen den Rückegassen schräg von diesen weg (Fischgrätensystem) gefällt werden. Grundsätzlich sind bei der Durchforstung die gesünderen und wüchsigeren Bäume zu belassen. Kann man sich nicht entscheiden, ob ein Baum zu entnehmen ist oder nicht, so ist es meist richtig, ihn zu fällen.

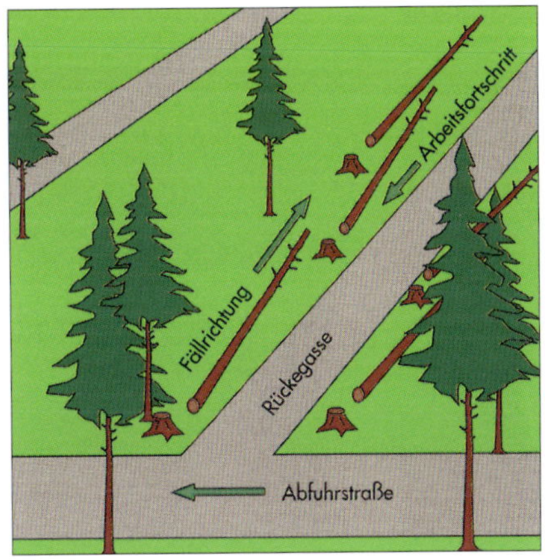

*Beispiel für die **Fällung** und **Rückung***

Bei der Holzausbringung durch Aufseilen mit dem Traktor oder Seilgeräten ist zu beachten, dass die Stämme hangabwärts geworfen werden.
Als praktische Geräte zum Fällen des Stammes dienen neben dem Sappel auch der Wende- oder Drehhacken und der Ausziehschuh aus Kunststoff (Fällboy).
Der verbleibende Bestand darf weder bei der Schlägerungsarbeit in der Krone noch beim Rücken des Holzes an den stehenden Stämmen verletzt werden.

„Polstern" bei der Durchforstung schützt die Zukunftsbäume vor Lieferschäden.

Verletzte Bäume sind durch Pilzinfektionen gefährdet.

Rindenverletzungen sollten mit Schutzmitteln gegen Pilzinfektion behandelt werden.

Auf besonders rotfäulegefährdeten Flächen (z. B. ehemalige Wiesenaufforstungen) sollten auch die Stöcke bestrichen werden.

Auf marktgerechte und dem Arbeitsverfahren angepasste Sortimentwahl ist zu achten.

7.3 WERTÄSTUNG VON ZUKUNFTSBÄUMEN

Eine Maßnahme zur Erzielung von besonders wertvollem Qualitätsholz ist die Pflegeästung im Stangenholzalter (Durchmesser in der Brusthöhe ca. 15–20 cm). Dabei werden die Äste

ungeastet

geastet

Pflegeästung *mit* ***Fuchsschwanz*** *bei der Fichte*

mit einer feinzahnigen Säge bis zu einer Höhe von mindestens einer Blochlänge abgeschnitten.

Durch Pflegeästung lässt sich ein astreines Qualitätsholz erzeugen.

7.4 ENDNUTZUNG

Die Krönung der oft über Generationen dauernden Waldpflegearbeiten ist die **Nutzung der Althölzer** (End- oder Hauptnutzung). Im Bergwald können die höheren Produktionskosten (beschränkte Einsatzmöglichkeit von Maschinen, schwierige Arbeitsbedingungen) durch Qualitätsholzerzeugung zumindest teilweise wettgemacht werden. Die Endnutzung setzt nicht nur planvolle Überlegungen hinsichtlich Zeitpunkt der Schlägerung, Ausformung, Bringung, Preis usw. voraus, sondern auch im Hinblick auf die nachfolgende Verjüngung, Entwicklung der übriggebliebenen Bestände oder Einzelbäume usw.

Die Art der Endnutzung (Betriebsart) ist wesentlich für die Entwicklung des Gesamtwaldes.

8. WALDARBEIT UND UNFALLVERHÜTUNG

Trotz Maschineneinsatz ist die Waldarbeit nach wie vor eine schwere und gefährliche Tätigkeit. Die Ansprüche an einen guten Waldarbeiter sind hoch und erfordern eine gute Ausbildung. Voraussetzung für eine entsprechende Leistung ist eine entsprechende Ausrüstung, die auch im Zusammenhang mit der Unfallverhütung von Bedeutung ist. Wird Arbeit vergeben, sind Kenntnisse über die Entlohnung der Forstarbeiter wichtig.

*Beispiele für die **richtige Körperhaltung** bei der Holzernte*

8.1 ARBEITSGESTALTUNG

Den Wechselbeziehungen zwischen dem Menschen und seinen Arbeitsbedingungen **(Ergonomie)** ist besondere Beachtung zu schenken, da sie seine Leistungsfähigkeit und Gesundheit wesentlich beeinflussen. Zu einer Beeinträchtigung des menschlichen Organismus führen vor allem zu hohe Gewichtsbelastung (schwere Arbeitsgeräte, Heben schwerer Lasten usw.), zu viel statische Muskelbelastung (langes Halten) und gebückter Arbeit sowie unnatürliche und verdrehte Körperhaltung (Arbeiten in ungünstigem Gelände usw.). Darüber hinaus führen auch Motormaschinen zu Belastungen (Lärm, Abgase, Vibration usw.).
Bei der Arbeitsgestaltung soll folgendes beachtete werden:

8.1.1 Körperhaltung

Falsche Körperhaltung, vor allem bei der Hebearbeit, belastet besonders die Wirbelsäule und kann zu deren Schädigung führen (z. B. Bandscheibenschaden).

Der Rücken soll bei der Arbeit möglichst gestreckt bleiben. Schwere Lasten sind mit geradem Rücken und vorgebeugten Knien zu heben.

8.1.2 Arbeitsabwechslung

Zu lange Haltearbeit führt zu einer verminderten Durchblutung der Muskeln und damit zu deren rascher Ermüdung.

Statische Arbeiten sollten durch Bewegungsarbeiten unterbrochen oder ersetzt werden, da hierdurch ein Wechsel von Spannung und Entspannung der Muskeln und deren bessere Durchblutung erfolgt.

8.1.3 Arbeitspausen

Arbeitsüberlastung und Übermüdung führen oft zu Unaufmerksamkeiten und damit zu erhöhter Unfallgefahr. Der Tagesablauf sollte daher gut eingeteilt und durch entsprechende Erholungspausen unterbrochen werden.
Neben einer ausreichenden Mittagspause von ca. einer Stunde und einer Jausenpause von ca. 15 Minuten haben vor allem die Kurzpausen hohen Erholungswert.

Mehrere kurze Pausen sind besser als wenige lange Arbeitsunterbrechungen.

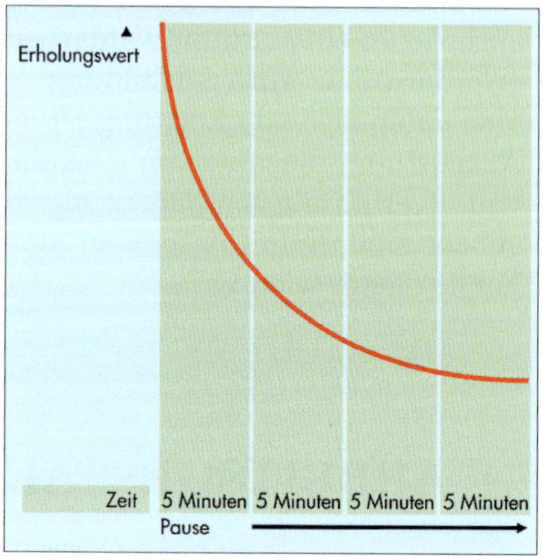

Erholungswert *einiger* ***Pausenteile***

8.1.4 Arbeit mit Maschinen

Bei langem Arbeiten mit Motorsäge, Freischneider usw. kann deren Lärm die Hörorgane schädigen.

Die Gehörschutzschalen am Schutzhelm müssen verwendet werden.
Der Gesichtsschutz am Helm bei der Motorsägearbeit, eine schlagfeste Schutzbrille bei der Freischneidearbeit muss getragen werden.

Die Abgase von Motoren schädigen vor allem durch ihren Gehalt an Kohlenmonoxyd und Kohlenwasserstoffen den menschlichen Organismus.

Richtige Treibstoffwahl und Vergasereinstellung sowie Motorsägen mit Katalysatoren verringern schädliche Abgase.

Erschütterungen von Maschinen, die sich auf den Menschen übertragen, sind auf die Dauer sehr belastend.

Antivibrationsgriff und richtiges Kettenschärfen vermindern die Vibration der Motorsäge.

Beim Traktor schützt ein Gesundheitssitz die Wirbelsäule vor Erschütterungen.

8.2 WERKZEUGE

Die Forstwerkzeuge wurden in den letzten Jahrzehnten grundlegend verändert und verbessert.
Heute hat die Motorsäge den Wald erobert und ist zum wichtigsten Arbeitsgerät bei der Schlä-

gerung geworden. Auch auf dem Bauernhof ist sie vielseitig verwendbar und kaum wegzudenken.
Um eine gute Arbeitsleistung erzielen zu können, ist in der Regel folgende **Werkzeugausrüstung** erforderlich:

- 1 Motorsäge komplett mit Instandsetzungswerkzeug
- 1 Kanister für Treibstoff und Kettenöl
- 1 Axt, nicht zu schwer (ca. 1,4 kg)
- 1 Schäleisen (Schöpser)
- 1 Sappel, ca. 1,2 kg (ev. ein Wendehaken o. Fällhebel)
- 4 Keile
- 1 Rollmaßband, selbstaufrollend, 15 m

Dazu kommen noch die verschiedenen Werkzeuge für die Aufforstung, Waldpflege und dgl.

Werkzeugausrüstung für Schwachholz

8.2.1 Motorsäge

Der Kauf einer Motorsäge sollte gut überlegt werden.

Bei großen Waldbeständen sind eine schwerere Motorsäge für die Arbeit im Starkholz und eine leichtere Säge für die Durchforstung vorteilhaft.

Wesentlich sind ein guter, schnell erreichbarer Kundendienst und nicht zu teure Ersatzteile.
Die fachgerechte **erste Inbetriebnahme** einer Motorsäge beeinflusst ihre weitere Leistungsfähigkeit. Daher sollte folgendes beachtet werden:

- Zuerst Betriebsanleitung genau lesen
- Schwert und Kette montieren
- Treibstoffgemisch und Kettenöl laut Anleitung einfüllen
- Schrauben und Verschlüsse auf festen Sitz prüfen
- Zündung einschalten, Halbgas einstellen, eventuell Choker ziehen und starten
- Kurz einige Male Gas geben und auf Kettenschmierung achten
- Motorsäge abstellen, Kettenspannung und Schmierung prüfen
- Motorsäge abstellen, Kette, Schrauben und Verschlüsse kontrollieren, dann wieder starten und allmählich belasten

Besonders wichtig für die Funktion und Haltbarkeit der Motorsäge sind jedoch die laufende **Wartung** und **Pflege.**

Tägliche Wartung (alle 10 Betriebsstunden)

- Luftfilter mit reinem Benzin reinigen, ausblasen
- Schwert und Kette reinigen
- Kette schärfen
- Treibstoff und Öl auftanken. Umlenkrolle mit Heißlagerfett abschmieren

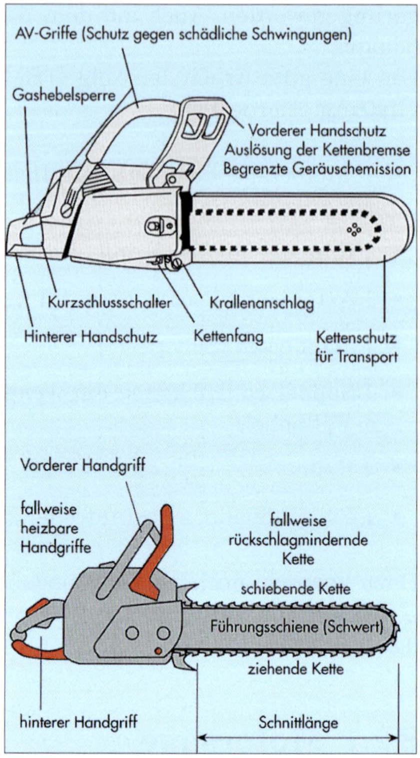

Önorm-gerechte ***Motorsäge***

Für die **Schmierung** der Sägekette wird biologisches Kettenöl verwendet. Stets prüfen, ob die Sägekette wirklich geölt wird.

Das Fett für die Umlenkrolle an der Schiene muss der Betriebsanleitung entsprechen.

Störungen an der Motorsäge treten vor allem bei der Kupplung, am Vergaser und bei der Zündanlage auf. Läuft die Sägekette trotz richtiger Standgaseinstellung weiter, ist der **Kupplungsbelag** beschädigt oder gebrochen. Rutscht die Kupplung, ist ein **Simmering undicht;** es läuft Öl in die Kupplungstrommel.

Schäden am Vergaser treten vor allem **durch Schlappwerden der Feder unter dem Regulierhebel** und starke **Abnutzung des Nadelsitzes** auf.
Setzt die Zündung aus und wird der Motor heiß, ist die **Einstellung des Vergasers zu mager.** Sind Auspuffgase blau bis schwarz, Kerze verölt, Zylinder verrußt und Drehzahl zu gering, ist die **Einstellung zu fett.**
Da der Membranvergaser in seiner Funktion vom Luftdruck abhängig ist, muss er bei wechselnder Seehöhe neu eingestellt werden. Für eine gute Leistung ist eine entsprechend gute Feineinstellung erforderlich.
Die richtige Vergasereinstellung entnimmt man der Betriebsanleitung der jeweiligen Motorsäge.

Störungen der Zündung treten auf, wenn die Zündkerzen nicht den richtigen Wärmewert haben, der Elektrodenabstand (0,5 mm) falsch oder die Kerze verschmutzt oder beschädigt ist, in den Kurzschlussknopf Wasser eindringt (Massenschluss), das Zündkabel abgescheuert ist oder schlecht in der Zündspule steckt, der Unterbrecherhammer oder Amboss verschmort oder abgebrochen ist (diese müssen gleichzeitig ausgewechselt werden), die Zündspule und der Kondensator durchgebrannt sind oder der Magnet verölt ist.
Geht das Startseil der **Startanlage** nicht ganz zurück, ist die Startfeder nachzuspannen (bei abgelaufener Feder mehrmals umziehen). Geht das Startseil überhaupt nicht zurück, ist entweder die **Feder** meist am Ende gebrochen (Ende blau erwärmen und einbiegen; besser neue Feder verwenden), oder die **Angriffsklaue** oder die **Schleifringe** sind **verkehrt eingebaut.**
Motorsägenketten sollten oft, aber sparsam angeschärft werden. Die richtige Schärftechnik ist für die Lebensdauer der Motorsäge sehr wichtig und für die Arbeitsleistung ausschlaggebend. Nach der Art der Arbeitsausführung unterscheidet man zwischen einer „gründlichen Instandsetzung" und einem „Nachschärfen" der Ketten.

Störungstabelle

Die Ursachen für die Störungen bei der Motorsäge gehen aus nachstehender Tabelle hervor:

Fehler																			Mögliche Ursachen
1. Motor läuft nicht an	2. Motor schlägt beim Starten zurück	3. Motor beschleunigt nicht beim Gasgeben	4. Motor stottert, läuft unregelmäßig	5. Motor läuft nur bei Vollgas	6. Motor wird zu heiß	7. Motor stellt auf hohen Touren ab	8. Auspuffrauch schwarz, Motor ohne Kraft	9. Fehlzündungen, Motor ohne Kraft	10. Zündkerze zündet nicht	11. Abnormal großer Benzinverbrauch	12. Vergaser bekommt kein Benzin	13. Benzin geht nur bis zum Vergaser	14. Ölpumpe fördert kein Öl	15. Kette bekommt zu wenig Öl	16. Öltank vor Benzintank leer	17. Öl tritt zwischen Motor und Schiene aus	18. Kette läuft im Leerlauf mit	19. Kette bleibt stehen / Kupplung rutscht	
x						x					x		x						Tank leer
x									x										Kontaktschalter ausgeschaltet
x			x							x	x		x	x	x				Ansaugschlauch oder Leitung defekt
x			x								x		x	x					Filter am Ansaugschnorchel verstopft
x			x								x		x	x					Leitung verstopft
x			x									x							Benzinsieb im Vergaser verstopft
x		x	x	x	x		x			x		x							Vergaser falsch eingestellt
				x															Leerlaufdüsen verstopft
x			x																Pumpmembrane defekt
x		x	x	x			x			x		x							Vergaser defekt
		x					x			x									Luftfilter verschmutzt
x						x					x								Luftzutritt zum Tank verstopft
					x														Zu wenig Öl im Benzingemisch
		x					x												Zu viel Öl im Benzingemisch
x			x	x				x	x										Zündkerze abgenutzt oder schmutzig
			x	x				x											Falscher Polabstand an der Zündkerze
x			x					x	x										Zündkabel oder Kerzenschuh defekt
	x																		Frühzündung
x		x	x	x	x			x	x										Fehler an Zündspule oder Unterbrecher
					x														Kühlluftwege nicht frei
					x														Motor verrußt
													x	x					Ölloch am Schwert verstopft
													x						Schutzbleche am Schwert falsch montiert
													x	x					Falsche Luft in der Ölpumpe
														x	x				Ölpumpe falsch eingestellt
																x			Schwertauflageflächen verschmutzt
																		x	Kupplung ölig
																	x		Kupplung beschädigt
																		x	Kupplungsbacken abgenutzt
																	x		Nadellager der Kupplungsglocke defekt
1.	2.	3.	4.	5.	6.	7.	8.	9.	10.	11.	12.	13.	14.	15.	16.	17.	18.	19.	

Die **gründliche Instandsetzung der Motorsägenkette** soll periodisch etwa jede Woche erfolgen, wobei folgendes zu beachten ist:

- Kette von Motorsäge abnehmen
- Kette sorgfältig reinigen; Öl, Harz, Schmutz werden mit heißem Wasser und Waschpulver entfernt
- Nieten- und Gliederschäden suchen und gegebenenfalls reparieren
- Kette mit passender Feile schärfen
- Kette ins Ölbad legen
- Kette und Schiene montieren

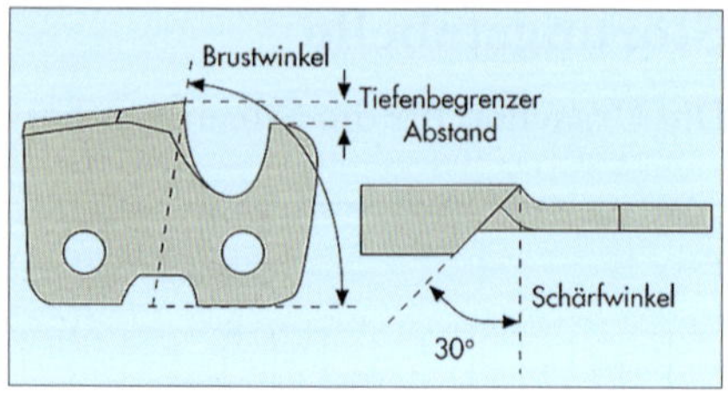

*Die **Tiefenbegrenzer** müssen untereinander gleich hoch und je nach Holzart 0,5 mm bis 1,0 mm tiefer als die Schneidekante sein*

Für das **Schärfen** der Motorsägenkette ist wesentlich, dass die Schneidezähne konisch abfallen und daher bei neuen Ketten größere Feilendurchmesser, und am Ende kleinere Feilendurchmesser zu verwenden sind (z. B. Feilen mit einem Durchmesser 5,5 mm, 4,8 mm, 4,5 mm). Allgemein werden mit einer Kette auch 3 bis 4 Feilen verbraucht. Für das Tiefersetzen der Tiefenbegrenzer benötigt man Flachfeilen.
Beim **Schärfvorgang** selbst ist folgendes zu beachten:

- Alle Schneidezähne **müssen** gleich lang sein; der kürzeste Zahn ist maßgebend.
- Der Brustwinkel und der Schärfwinkel sowie die Feilenführung müssen sich nach der Zahnform richten. Z. B. Eck- oder Meißelzahn, Halbrund- oder Halbmeißelzahn.

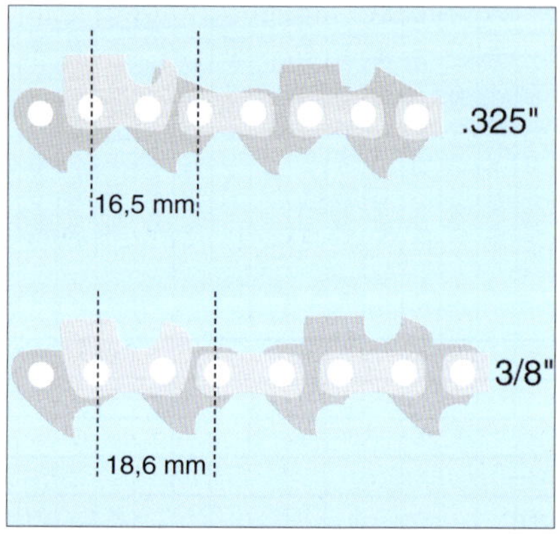

Häufigste Kettenteilungen (in mm und Zoll)

Richtiger Feilendurchmesser

3/8 Zoll:	5,5 mm, letztes Drittel der Zahnlänge 4,8 mm
.325 Zoll:	4,8 mm, letztes Drittel der Zahnlänge 4,5 mm

Das **Nachschärfen** der Sägekette erfolgt zumeist am Arbeitsplatz. Mit wenigen Feilenstrichen wird jeder Zahn nachgeschärft, wobei die Schärfgrundsätze so gut wie möglich eingehalten werden. Je nach Geschick verwendet man verschiedene Feilhilfgeräte, z. B. Feilbock.

8.2.2 Sonstige wichtige Werkzeuge

❑ Hacken (Äxte)

Seit Verwendung der Motorsäge sind im Allgemeinen nur mehr folgende Äxte gebräuchlich:

- **Universalaxt**
  Schneidenbreite etwa 15 cm (z. B. Iltis- oder Biberaxt), Gewicht 1,20 bis 1,40 kg.

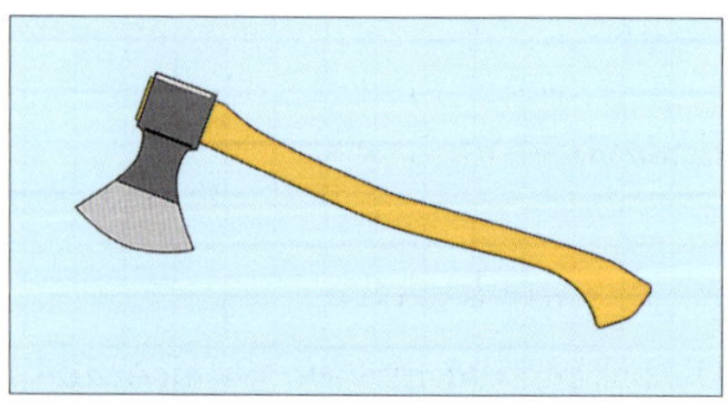
***Universalaxt** – für Entasten im Schwachholz*

- **Spaltaxt**
  Schneidenbreite 8 bis 10 cm, Gewicht 2,5 kg; zum Spalten wie Holz.

Die Hacke darf nicht keilförmig, sondern muss ballig angeschliffen werden, sonst bricht sie aus.
Der Stiel sollte nicht länger sein als der Arm einschließlich Hand mit ausgestreckten Fingern. Er sollte für die Keilarbeit gerade und zum Entasten leicht geschwungen sein und am Ende einen Kopf haben, damit er nicht aus der Hand rutscht (Kuhfußstiel).
Die Spaltaxt (Mösel), die man zum Spalten von Holz braucht, sollte ein großes Haus und eine besonders starke Schlagplatte (6 bis 7 cm) zum Treiben von Keilen haben.

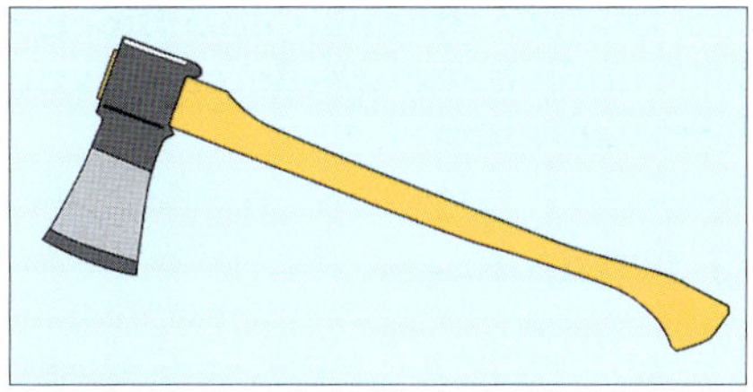
Spaltaxt

❑ Schöpser (Schäleisen)

Er dient zum Entrinden des Nadelholzes. Für Holzarten mit **dünner Rinde** sollte der Schöpser ein **dünn ausgeschmiedetes Blatt** und eine **Schneidenbreite von 15 bis 18 cm** haben.
Für Holzarten mit **dicker Borke** (Lärche, Föhre) benötigt er eine schmale Schneide (etwa 10 cm) und ein **stärkeres, keilförmig zulaufendes Blatt,** das die Borke absprengt.

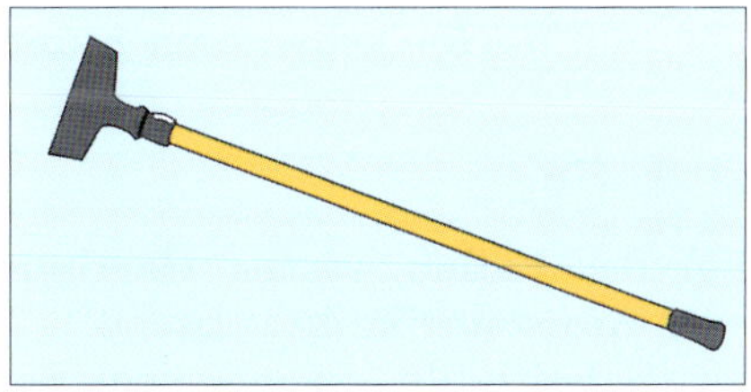
Schöpser *(Schäleisen)*

❑ Sappel

Der Sappel wird zum Liefern des Holzes gebraucht. Die Greifspitze seines Eisenteils muss so geformt sein, dass sie leicht im Holz haften bleibt, ohne allzu tief einzudringen.
Am besten ist dazu der **Kernspitz** geeignet. Dieser entsteht dadurch, dass die Spitze zu zwei kleinen Stahllamellen ausgeschmiedet wird.
Für das **Holzliefern** verwendet man meist **Krainer-Sappel**, bei denen die Stange des Eisenteils in einem Winkel von etwa 120 Grad zum Stiel steht.
Zum **Holzaufladen** eignen sich dagegen besser **Schlagsappel** („Deutsche Sappel"), bei denen die Stange rechtwinkelig zum Stiel steht und die eine kräftige Schlagplatte am Nacken zum Einschlagen von Klampfen und Keilen haben.

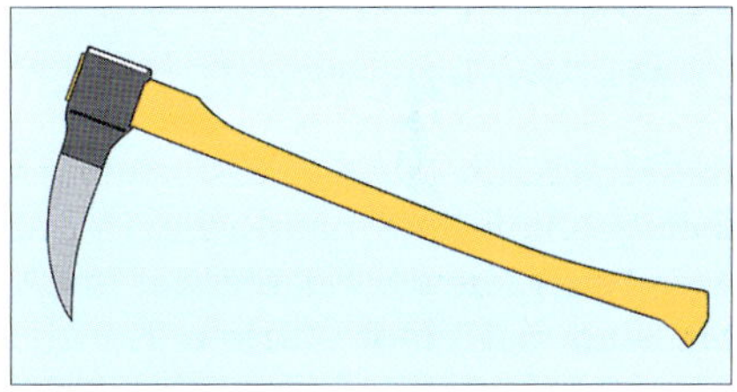
Schlagsappel

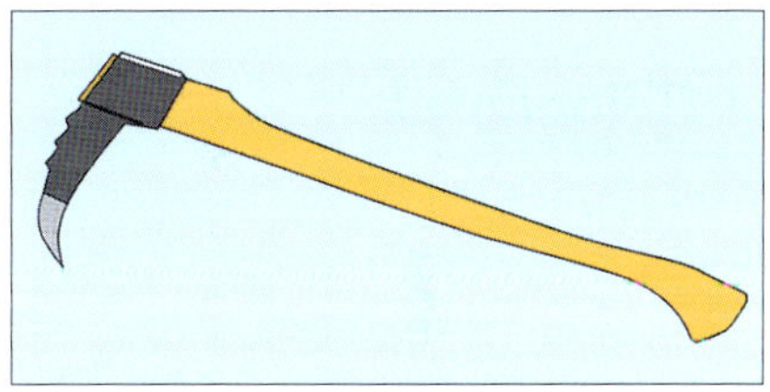
Sappel *– zum Drehen und Wenden*

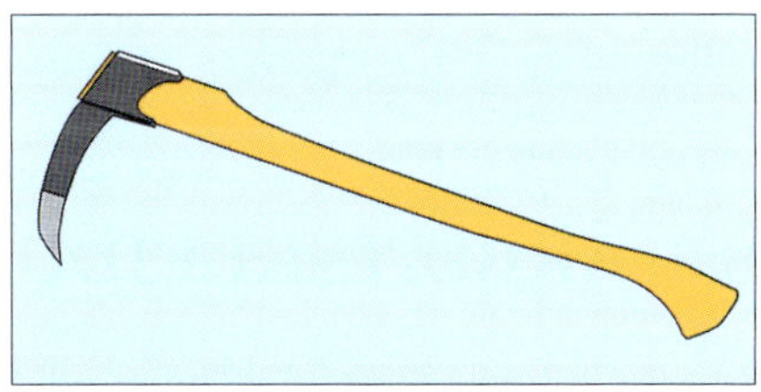
Durchforstungssappel

❑ Wendehaken

Dieser besteht aus einem eisernen Haken und einem Ring, durch den man den Sappelstiel oder einen stärkeren Prügel stecken kann. Mit ihm kann man nicht

Gliederwendehaken

nur liegende **Stämme und Bloche drehen,** sondern auch **aufgehängte Stämme aus der Nachbarkrone herausdrehen.**

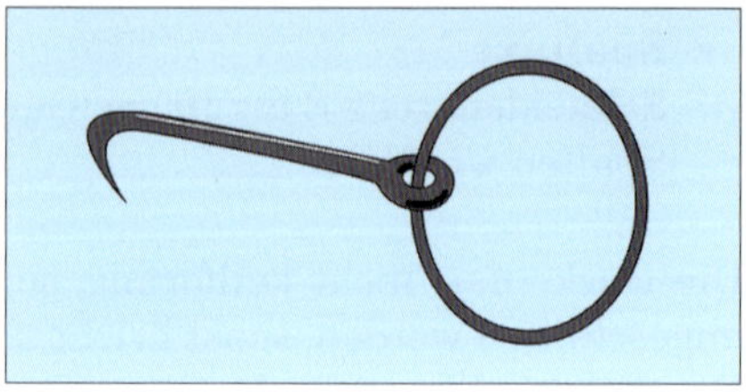

Wendehaken *mit Ring*

❑ Fällheber

Dieser besteht aus einer keilförmigen Platte und einer Griffstange und ist mit und ohne Wendehaken erhältlich. Er dient zum **Offenhalten des Fällschnittes** und zum **Werfen schwacher Stämme.**

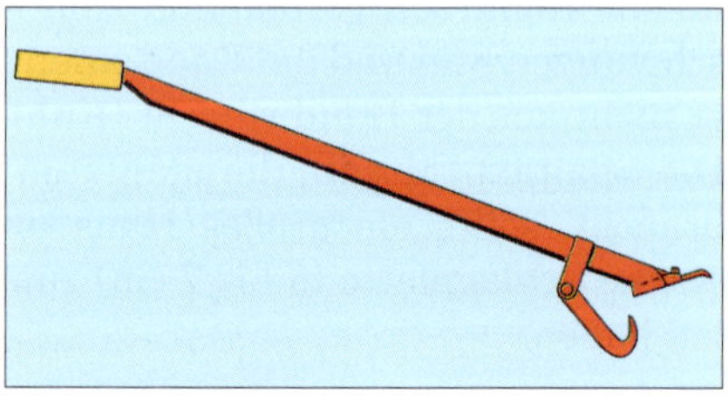

Großer Fällheber

❑ Keile

Für das **Fällen** werden **Hartholz-, Weichmetall-** oder **Kunststoffkeile** verwendet. Zum **Spalten** dienen **Scheitkeile,** die aus einer Eisenscheide mit einem eingesetzten Holzdübel bestehen.

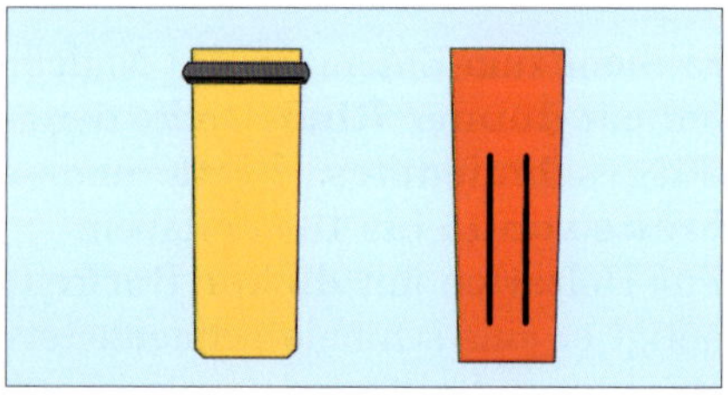

Keile

❑ Messgeräte für die Ausformung

Als Meßgeräte für die Ausformung werden heute vielfach schmale und handliche 15-m-**Stahlmaßbänder** verwendet, die der Sägeführer am Arbeitsgürtel trägt. Sie sind mit einer starken Rückholfeder und einem Einsetzhaken versehen, so dass mit der Entastungsarbeit gleichzeitig auch die Ablängung erfolgen kann.

❑ Hebmantel

Wird für das Fällen von starken Rückhängern verwendet. Empfohlen wird eine Mindesthubkraft von 25–30 t.

❑ Stammpresse

Wird für das sichere Fällen von Laubholz verwendet. Es wird das Aussplittern des Stammes während des Fällvorganges verhindert.

8.3 ARBEITSKLEIDUNG UND SCHUTZAUSRÜSTUNG

Zweckmäßige Arbeitskleidung und Ausrüstung fördern die Leistung und vermindern die Unfallgefahr. Der Waldarbeiter sollte daher wie folgt ausgestattet sein:

- **Schutzhelm** mit Augen und Gesichtsschutz sowie guter Belüftung.
  Achtung: der Schutzhelm ist ab dem Prägedatum vier Jahre zu verwenden und anschließend auszuscheiden!
- **Unterwäsche** schweißabsorbierend und atmungsaktiv (Funktionsunterwäsche)
- **Arbeitsbluse** mit Klettverschluss in Leuchtfarbe
- **Pullover** aus Wolle für die Winterarbeit

- **Schnittschutzhose** mit Seitentaschen und Nierenschutz, die Schnittschutzeinlage am linken Bein muss verbreitert sein
- **Handschuhe** aus Leder, **Waldarbeitsschuhe** oder **Waldarbeitsstiefel** mit Profilsohle, Schnitzschutzeinlage und Zehenschutzkappe
- **Regenschutz**, bewegungsfreundlich und atmungsaktiv
- **Arbeitsgürtel** für Maßband, Keile und Feilen
- **Fußeisen** für Arbeiten auf gefrorenem Hang
- **Erste-Hilfe-Ausrüstung** mit einwandfreiem Verbandszeug

Bei Arbeiten im Wald sind die gesetzlich vorgeschriebenen Warntafeln „Befristetes forstliches Sperrgebiet“ (siehe Kapital 13) mit den Zusatztafeln „Gefahr durch Waldarbeit“ und der Zeitangabe „von – bis“ erforderlich.
Bei Arbeiten in Katastrophenhölzern werden besonders **Seilzüge (Greifzug), Seile** und **Umlenkrollen** benötigt.

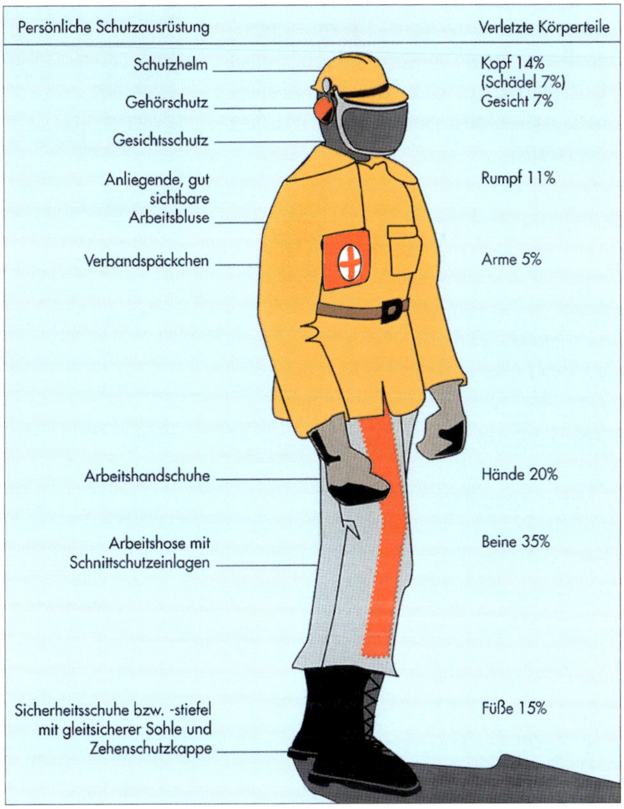

8.4 UNFALLSCHUTZ

Die Waldarbeit zählt nach wie vor zu den gefährlichsten Arbeiten. Viele Unfälle sind auf Schlamperei, Planlosigkeit, Sparen am falschen Platz, Alkoholgenuss u. dgl. zurückzuführen. Sowohl Arbeitgeber als auch Arbeitnehmer sind gesetzlich zur **Einhaltung von Unfallverhütungsvorschriften** verpflichtet. Für die Beschäftigung Jugendlicher gelten eigene Vorschriften: Bei einem Schadensfall wird geprüft, wer die Aufsicht geführt hat und ob Fremdverschulden vorliegt. Die straf- und zivilrechtlichen Folgen sind oft sehr weitreichend. Grundsätzlich soll die Waldarbeit nur von **körperlich und geistig geeigneten Arbeitskräften** ausgeführt werden.

Besonders gefährdet bei der Waldarbeit ist die linke Körperseite, wobei die linke Hand und das linke Bein am meisten betroffen sind. Eine besondere Gefahrenquelle ist dabei die Motorsäge.

8.4.1 Sicherheitsregeln für die Motorsägenarbeit

Beim Arbeiten mit der Motorsäge ist folgendes zu beachten:

Beim Starten ist die Motorsäge zwischen den Beinen einzuklemmen oder auf dem Boden abzustellen und festzuhalten. Ein Luftstart, bei dem die Motorsäge nur am Griff gehalten wird, ist verboten.

Sicheres Starten der Motorsäge

Im Gefahrenbereich von zwei Metern rund um den Motorsägenführer darf sich niemand aufhalten.

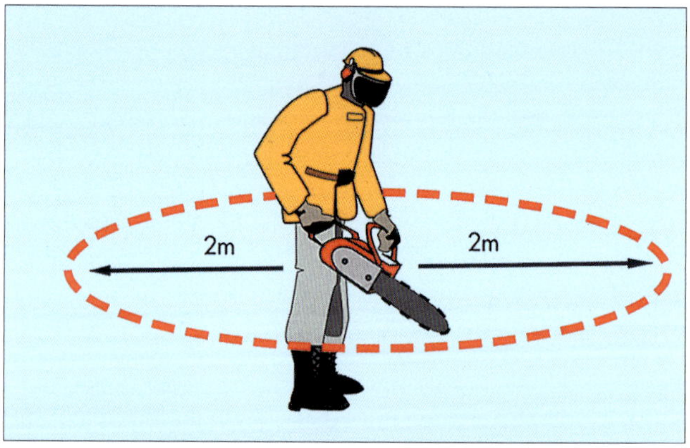

Beim Schneiden sind die Beine seitlich und der Länge nach versetzt, damit der Körper durch Stoß oder Zug nicht aus dem Gleichgewicht kommt.
Die linke Fußspitze darf sich nicht vor dem vorderen Handgriff der Motorsäge befinden.

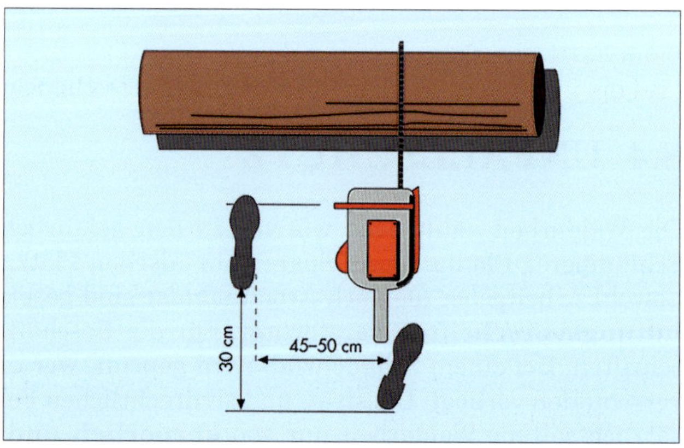

Richtige Fußstellung *beim Arbeiten mit der Motorsäge*

Die Motorsäge ist stets am Stamm oder am Körper abzustützen. Dabei haben die Hände den vorderen und den hinteren Handgriff mit geschlossenem Griff zu umfassen.

*Der **geschlossene Griff***

Beim Anstechen ist darauf zu achten, dass nicht mit der Schwertspitze geschnitten wird (Rückschlaggefahr). Am besten ist es, den Schnitt mit dem unteren Drittel der Schwertspitze zu beginnen.

Richtiges Ansetzen** des **Stechschnittes

Um gerade Schnitte zu erreichen, muss nicht nur die Kette richtig geschärft sein, sondern es muss beim Schnitt auch das Gewicht des Motors durch Anheben ausgeglichen werden.

Beim Fällen im Schwach- und Starkholz und bei der Aufarbeitung der geschlägerten Bäume sind die jeweils richtigen Schnitte zu führen (siehe Kapitel 9).

8.4.2 Allgemeine Sicherheitsregeln für die Waldarbeit

- Am Arbeitsplatz sind nur die tatsächlich Beschäftigten zu dulden.
- Bei der Arbeit muss jemand die Aufsicht führen.
- Bei gefährlichen Arbeiten (Fällen, Rücken) muss eine zweite Person zumindest in Rufweite sein (Erste Hilfe!).
- Nur geeignete Werkzeuge, Kleidung, Ausrüstung und Maschinen verwenden.

- Vom Anfang an richtige Arbeitsverfahren anwenden.
- Sicherheitsabstände (z. B. 1,5 mal die Baumlänge beim Fällen, Schwenkbereich der Motorsäge 2 m im Umkreis) konsequent einhalten.
- Bei der Arbeit auf sicheren Stand achten.
- Maschinen vor Kontrollen abstellen.
- Beim Arbeiten in der Nähe von öffentlichen Verkehrswegen muss ein Bescheid über die Sicherungsmaßnahmen während der Waldarbeit von der Bezirkswaltungsbehörde ausgestellt und strikt eingehalten werden.
- Kein offenes Feuer in der Nähe von Benzin, Öl und Fett dulden.

8.4.3 Rettungskette bei Forstunfällen

Die Planung und Organisation der Rettungskette ist ein Bestandteil der Evaluierung und des Arbeitsauftrages laut Arbeitnehmerschutzgesetz. Jeder, der im Wald arbeitet, muss sich mit der Möglichkeit eines Unfalls und der Rettung des Verunfallten auseinandersetzen.

- Lebensrettende Sofortmaßnahme (Erste-Hilfe-Kurse sind verpflichtend)
- Notruf (Rettung: 144)
- Weitere Erste-Hilfe-Maßnahmen
- Sanitätshilfe, Transport und ärztliche Behandlung

Ablauf der Alarmierungskette:

- Wer meldet? Name und Telefonnummer bekannt geben
- Was ist passiert? Z. B. Forstunfall, Anzahl der Verletzten, Art der Verletzung
- Wo ist der Unfallort? Referenzmeldung für den Hubschrauber, Koordinatenangabe – stark rauchendes Feuer oder Nebelpatrone zünden
- Wie kommt die Rettung zum Unfallort? Zufahrtsweg beschreiben, Straßenbeschaffenheit, Treffpunkt
- Warnhinweise für Hubschrauber, z. B. Tragseil einer Seilbahn, Wetter, Sichtverhältnisse

8.5 ENTLOHNUNG

Die Bezahlung von Forstarbeitern für Schlägerungsarbeiten kann in S**tundenlohn, Akkordlohn** oder **Prämienlohn** erfolgen.

Stundenlohn	=	Zeitlohn
Akkordlohn	=	Leistungslohn
Prämienlohn	=	Erfolgslohn

Schwere Arbeiten, wie die Aufarbeitung von Katastrophenhölzern, werden meist nach Zeit entlohnt.

Der überwiegende Teil der Schlägerung erfolgt im Akkordlohn.

Für bestimmte Arbeiten, z. B. Entfernung von Überhältern aus Verjüngungen, kann eine Prämie bezahlt werden.
Der voraussichtliche **Stundenaufwand** für die Schlägerung eines fm Holzes kann **Richtwerttafeln** oder **Leistungstafeln** für die Waldarbeit entnommen werden. Verschiedene Arbeitsumstände, wie Jahreszeit, Hackstand, Gelände, Bodenbeschaffenheit, Stärke und Länge der Bäume, Astigkeit, Ausformung usw., sind dabei möglichst zu erfassen. Sie wirken auf die Arbeit erschwerend und werden deshalb in den Tafeln durch Zeitzuschläge berücksichtigt. Ermittelt wird der Zeitaufwand pro Festmeter. Will man den Akkordlohn errechnen, so muss man den Zeitaufwand mit dem Akkordrichtsatz multiplizieren.

Akkordrichtsatz = Zeitlohn + etwa 25 %.

Akkordlohn = Arbeitsstunden je Festmeter x Akkordrichtsatz

Der **Arbeitsverdienst** eines Forstarbeiters bei der Schlägerung mit der Motorsäge setzt sich aus dem **Akkordlohn** zuzüglich **Werkzeugpauschale, Zuschlag** für die **eigene Motorsäge** und **Instandsetzungsbeitrag** zusammen. Die Höhe dieser Pauschale und der Zuschlag ist jeweils im Kollektivvertrag für Forstarbeiter festgelegt.

9. ERNTE DES HOLZES

Die Nutzung des Waldes sollte pfleglich erfolgen, d. h. ohne Schäden am verbleibenden Bestand und am Boden. In größeren Forstbetrieben wird der durchschnittliche Holzzuwachs **laufend** entnommen. Der Bauernwald wird meist **aussetzend** in Perioden von mehreren Jahren genutzt. Die anfallenden Arbeiten, die einen hohen Arbeitsverdienst erbringen, sollen möglichst durch die Bauernfamilie selbst durchgeführt werden. Richtige Arbeitsmethoden erleichtern und beschleunigen nicht nur die Waldarbeit, sondern vermindern auch die Unfallgefahr.

9.1 VOR- UND ENDNUTZUNG

Die Vornutzung des Waldes besteht vor allem in seiner Durchforstung. Die Endnutzung erfolgt durch die Schlägerung des Altholzes im Kahl- oder Dauerwaldbetrieb.

Der Einkommensbeitrag des Waldes hängt vom Ertrag seiner Vor- und Endnutzung ab.

Der **Zeitpunkt der Schlägerung** ist für die Holzqualität und die Arbeitsdurchführung von wesentlicher Bedeutung. Grundsätzlich ist zwischen Sommer- und Winterschlägerung zu unterscheiden.

Die Sommerschlägerung hat folgende Vor- und Nachteile

Vorteile	Nachteile
• Die Arbeit ist leichter, bequemer und auch sicherer, da der Boden nicht gefroren und das Werkzeug nicht kalt ist. • Der Arbeitsplatz ist leichter erreichbar, daher kürzere Anmarschzeiten. • Der Tag ist länger, daher kann er vor allem bei Akkordarbeit besser genützt werden. • Das Holz trocknet rasch und ist daher für die Rückung leichter.	• Das Holz trocknet vor allem auf Sonnenhängen zu schnell und wird rissig. • Bei längerer Lagerung am Schlagort treten Qualitätsverluste ein (Pilzbefall, Blaufäule bei Kiefer, Sonnenrisse). • Das Holz muss kurzfristig entrindet oder vom Wald abtransportiert werden oder gegen Käferbefall mit Stammschutzmitteln gespritzt werden. • Gefahr des Käferbefalles bei Nadelholz in Rinde.

Die Vor- und Nachteile der Winterschlägerung

Vorteile	Nachteile
• Das Holz ist von besserer Qualität, da es in Saftruhe geschlägert wird. • Befall von Pilzen und Insekten tritt nicht auf. • Der Arbeitseinsatz ist leichter zu planen, da weniger andere Arbeiten in der Landwirtschaft anfallen. • Der Waldboden und eine eventuelle Naturverjüngung werden geschont.	• Die Arbeit und der Weg zum Arbeitsplatz sind erschwert. • Die Arbeitszeit wird durch den kurzen Tag begrenzt. • Das Holz ist schwer (Rückung). • Besondere Unfallgefahr, daher gutes Schuhwerk und sonstige Schutzausrüstung sehr wichtig.

Vor allem die Forstwege tragen dazu bei, dass heute die Schlägerung das ganze Jahr hindurch erfolgen kann.

Edellaubbäume sowie Lärche und Kiefer sollten nur bei Saftruhe, alle übrigen Baumarten können im Sommer und Winter geschlägert werden.

Die Schlägerungsarbeiten umfassen das **Fällen** der Bäume sowie deren **Entastung, Entrindung** und **Ausformung** (Ablängen). Je nach dem Ort, wo diese Arbeiten durchgeführt werden, lassen sich folgende **Erntemethoden** unterscheiden:

- **Sortimentsmethode**
  Sämtliche Schlägerungsarbeiten erfolgen am Schlägerungsort.
- **Stamm-(Schaft-)Methode**
  Der gefällte Baum wird an Ort und Stelle entastet, das Ausformen erfolgt an der Forststraße oder am Lagerplatz.
- **Baummethode**
  Der gefällte Baum wird mit den Ästen gerückt; alle anderen Arbeiten erfolgen meist maschinell an der Straße oder am Lagerplatz.

Die **Sortimentsmethode** ist die früher einzig übliche Erntemethode, da sie **ohne Maschineneinsatz** auskommt. Kleine Holzmengen, zufällige Ergebnisse und Bäume im Steilhang wird man auch weiterhin nach dieser Methode ernten.
Wo der **Einsatz von Traktoren und Seilwinden** möglich und rentabel ist, kann die **Stamm-Methode** angewandt werden. Ihr Vorteil liegt darin, dass man größere Holzmengen schneller zur Straße bringen und das Ausformen und Messen bequemer und marktgerechter durchführen kann.
Die **Baummethode**, bei welcher der gefällt Baum samt den Ästen gerückt wird, ist nur sinnvoll, wenn die **Aufarbeitung voll mechanisch** erfolgen kann (z. B. Prozessoren).
Verloren geht der Düngewert der Äste. Im Zuge der Fällung sollten deshalb wenigstens die Wipfel abgezopft werden.

Für die Holzernte im Bauernwald eignen sich die Sortiments- und Stamm-Methode, neuerdings auch die Baummethode (bei Vorhandensein eines Traktor-Anbauprozessors.)

Vor Durchführung einer Schlägerung ist zu prüfen, ob die Nutzung nach dem Forstgesetz bei der zuständigen Behörde (Bezirkshauptmannschaft) anmeldepflichtig ist.

Ist eine Schlägerungsanmeldung notwendig, muss sie rechtzeitig erfolgen.

9.2 FÄLLUNG

Im Bergland sollte der Baum bergauf geworfen werden, um die Fallwucht zu mindern. Die Fällrichtung hängt von der Art der Rückung ab. Für eine Bodenrückung wird fischgrätartig nach außen geworfen, für eine Seilbringung gerade umgekehrt.

Zuerst die Art der Rückung bestimmen, dann erst die Schlägerung vornehmen!

Bei der Fällung sollte folgender **Arbeitsablauf** eingehalten werden:

- **Arbeitsauftrag**
  Festlegung von Schlägerungsort, Art der Bringung, Ausformung, Sortimente und dergleichen.
- **Arbeitsvorbereitung**
  Holzauszeige vor der Schlägerung; Festlegung eventueller Bezahlung an Forstarbeiter; Bereitstellung von Fahrzeugen und Unterkunft; Herrichten des Werkzeuges; Schlägerungsübereinkommen abschließen.
- **Aufsuchen des Baumes**
  Grobe Festlegung der Fallrichtung; Ablage des Werkzeuges.
- **Bestimmung der Fallrichtung**
  Wenn möglich bergwärts werfen; auf Rückung achten; Jungwuchs schonen; pfleglich arbeiten.
- **Arbeitsplatz säubern**
  Äste, Steine und Reisig entfernen; Stammfuß freimachen; Naturverjüngung schonen; Fluchtweg festlegen.
- **Wurzelanläufe wegschneiden**
- **Fallkerb schneiden**
- **Splintschnitte führen**
- **Fällschnitt durchführen**
- **Fallbereich prüfen**
  Warnungsruf, dann erst fällen.
- **Keilen und Baum werfen**
- **Waldbart absägen**
  Gleichzeitig werden noch vorhandene Wurzelanläufe weggeschnitten.

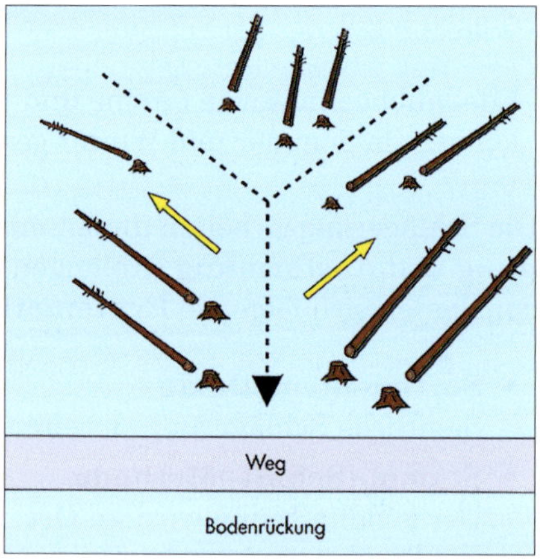

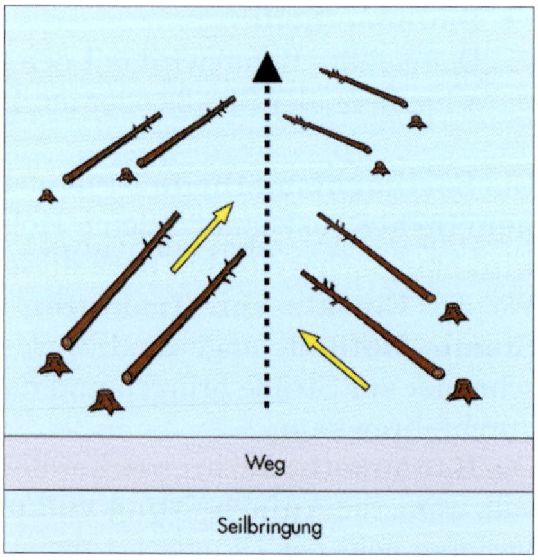

Fallrichtung** bei **Bodenrückung** bzw. bei **Seilbringung

Besonders im Starkholz muss mit größter Vorsicht unter Einhaltung einer durchdachten Fälltechnik gearbeitet werden, da sich dabei mehr als die Hälfte der schweren und tödlichen Unfälle ereignen. Von besonderer Wichtigkeit ist der Sicherheitsabstand. Im Fällbereich dürfen sich nur jene Personen aufhalten, die direkt mit der Fällung beschäftigt sind (maximal zwei Personen). Es sollte nie allein gearbeitet werden. Eine zweite Person soll sich zumindest in Rufweite befinden.

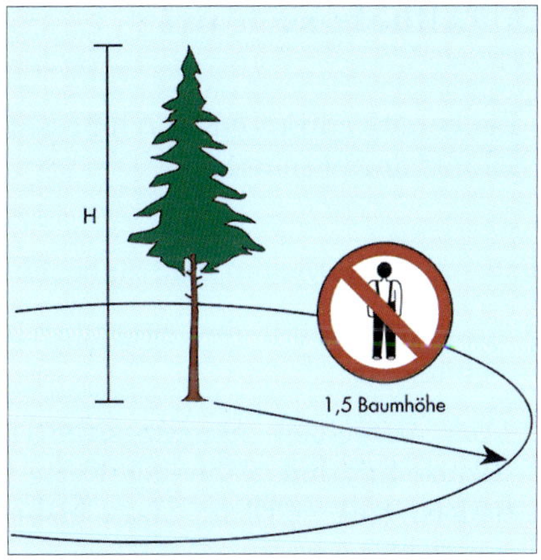

Fallbereich

9.2.1 Fälltechnik im Schwachholz

Um den verbleibenden Bestand zu schonen, sollten in Durchforstungsbeständen vor der eigentlichen Fällung immer Rückegassen und, wenn notwendig, zusätzlich auch Seilzuggassen angelegt werden (im schlepperbefahrenen Gelände fischgrätenartig, im steilen Gelände in der Falllinie).

Vor der Fällung sollten tiefbeastete Stämme gegen den Uhrzeigersinn bis in Schulterhöhe aufgeastet werden (schiebende und ziehende Kette, das Schwert sollte nicht verkantet werden).

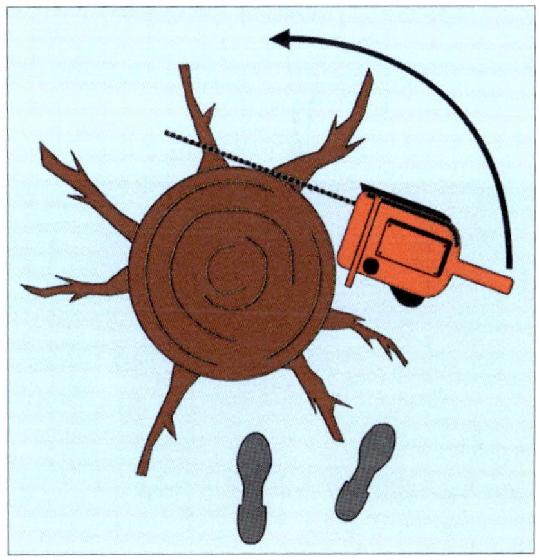

***Richtiges Aufasten** gegen den Uhrzeigersinn*

❑ Schrägschnitt

Bei sehr schwachen Stämmen bis ca. 15 cm Stockdurchmesser kann ein Schrägschnitt im Winkel von höchstens 20 Grad ausgeführt werden.

Hohe und steile Stöcke stellen eine Gefahr für den Arbeiter dar. Das Schneiden mit schiebender Kette begünstigt das Abgleiten am Schwert.

Fußstellung** und **Arbeitsvorgang** beim **Schrägschnitt

❑ Fällschnitt mit Fallkerb

Bei Stämmen mit ca. 10–20 cm Stockdurchmesser wird ein kleiner Fallkerb (ca. ein Fünftel des Stockdurchmessers) geschnitten.

Der Fällschnitt wird auf gleicher Höhe wie die Fallkerbsohle mit ziehender Kette geschnitten. Eine schwache Bruchleiste wird stehengelassen und der Stamm anschließend händisch umgedrückt.

❑ Fällheberschnitt

Bei bereits stärkeren Durchmessern (bis ca. 30 cm Stockdurchmesser) wird der Fällheberschnitt angewendet.

Folgende Teilarbeiten sind zu beachten:

- Ca. ein Fünftel des Stockdurchmessers Fallkerb schneiden
- Aus derselben Standposition Fällschnitt ohne Bruchstufe mit ziehender Kette schneiden – dabei jedoch eine seitliche Halteleiste und eine Bruchleiste belassen
- Den Fällheber in den Fällschnitt einschieben
- Halteleiste schräg von oben durchtrennen
- Durch Anheben des Fällhebers mit geradem Rücken Baum zu Fall bringen

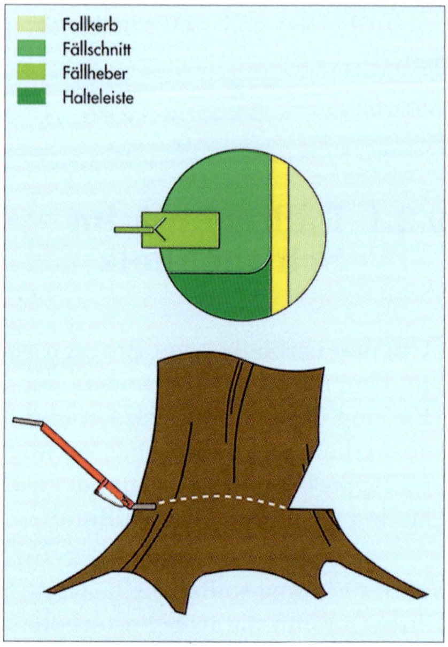

Fällheberschnitt

Fällheber

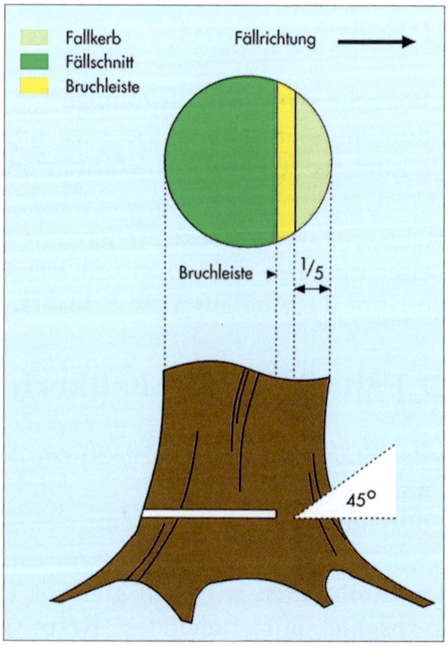

Fällschnitt** mit **Fallkerb** im **Schwachholz

Bruchleiste und Bruchstufe

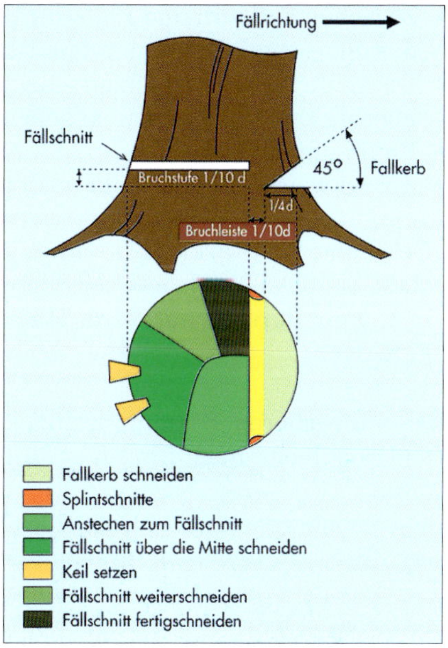

Fälltechnik** beim **Starkholz

9.2.2 Fälltechnik im Starkholz

Bei einem geradestehenden Baum mit gleichmäßiger Belastung (Normalfall) besteht folgender Arbeitsablauf:

❑ Fällungsvorbereitung

- Baumbeurteilung (Höhe, Durchmesser, Spannung)
- Fällrichtung bestimmen
- Werkzeug ablegen (griffbereit, nicht behindernd)
- Arbeitsplatz freimachen (Äste, Sträucher usw.)
- Stammfuß im Schnittbereich freimachen
- Fluchtweg bestimmen und freimachen
- Starke Wurzelanläufe wegschneiden

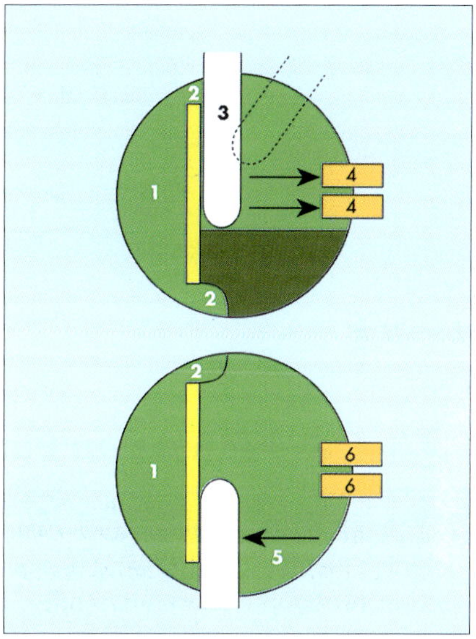

Schnittführung** bei schwächerem **Stammdurchmesser

❑ Fallkerb schneiden

- Fallkerbsohle waagrecht schneiden, ca. ein Viertel des Stockdurchmessers ohne Wurzelanläufe
- Fallkerbdach in einem Winkel von ca. 45 Grad schneiden, Schnitte müssen einander treffen
- Fallrichtung überprüfen und, wenn nötig, durch Nachschneiden korrigieren

❑ Fällung

- Splintschnitte anlegen (verhindert das Aufreißen des Stammes)
- Warnruf abgeben!
- Fällschnitt anlegen. Dieser wird um Zehntel des Stockdurchmessers höher als die Fallkerbsohle angelegt, damit eine Bruchstufe entsteht

- Zwischen Fallkerb und Fällschnitt eine Bruchleiste stehenlassen (ca. ein Zehntel des Stockdurchmessers). Diese gibt dem Baum beim Fallen die Führung
- Die Keile rechtzeitig setzen – nach beendetem Fällschnitt Motorsäge abstellen, Fällbereich überblicken und Warnruf abgeben!
- Baum umkeilen
- Zurückweichen – Kronenbereich und Stammende beobachten!

Bei kleineren Starkholzdurchmessern (Schwertlänge der Motorsäge plus max. 20 cm) besteht bei oben beschriebener Schnittführung die Gefahr, dass die Bruchleiste geschwächt bzw. ganz durchtrennt wird. Hier ist eine Schnittführung ähnlich dem Fällheberschnitt günstiger.

Bei schwächeren Stammdurchmessern wird das Schwert nach dem Anstechen parallel zur Bruchleiste nach hinten geführt. Die Stützleiste wird auf der Fällschnittebene durchtrennt.

Bei besonders starken Durchmessern (Stockdurchmesser größer als die doppelte Schwertlänge) wird ein Herzstich in Bruchstufenhöhe durchgeführt.

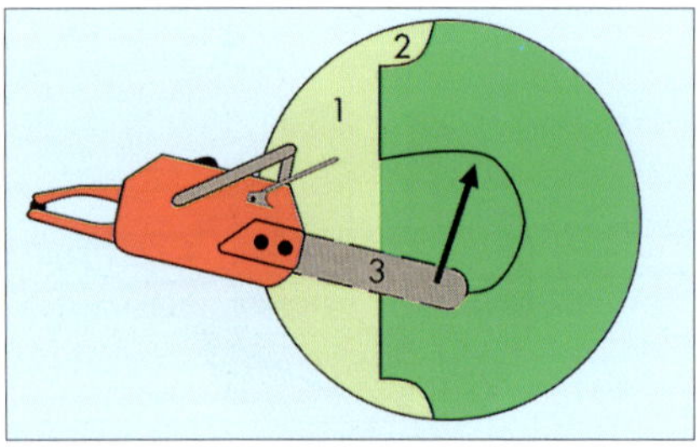

Herzstich

Herzstich

9.2.3 Das Fällen von Sonderfällen

Als Sonderfälle werden Rück-, Vor- und Seithänger bezeichnet. Sonderfälle sind sehr gefährlich zu fällen, daher sind besondere Vorsicht und genaue Beachtung der Reihenfolge der Teilarbeit beim Fällen notwendig.

❑ Rückhänger

- Mit dem Fällschnitt beginnen (ca. die Hälfte des Stockdurchmessers)
- Keil setzen
- Fällschnitt fortführen
- Aufkeilen, bis der Baum gerade steht
- Warnruf!
- Fallkerb schneiden (ca. ein Fünftel des Stockdurchmessers)
- Bruchleiste fertigschneiden (in kleinen Schritten)
- Warnruf, Fällbereich überblicken!
- Umkeilen

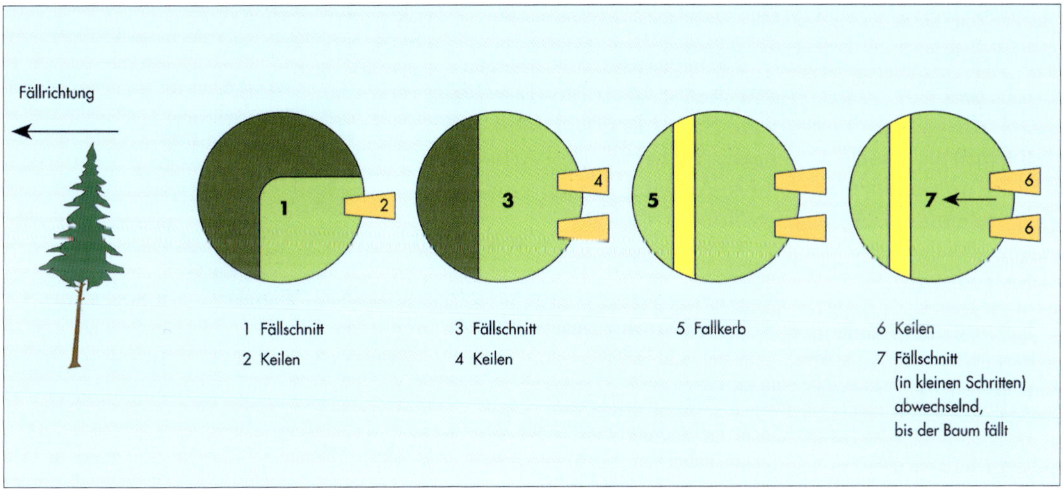

Fälltechnik** bei **Rückhängern

❑ Vorhänger

- Fallkerb anlegen
- Splintschnitte
- Warnruf
- Beiderseits einstechen, bei schwachen Stämmen durchstechen und bis zur Halteleiste schneiden
- Warnruf, Fällbereich überblicken
- Halteleiste von außen, schräg von oben durchtrennen

***Hydraulische Fällhilfe** (für Rückhänger)*

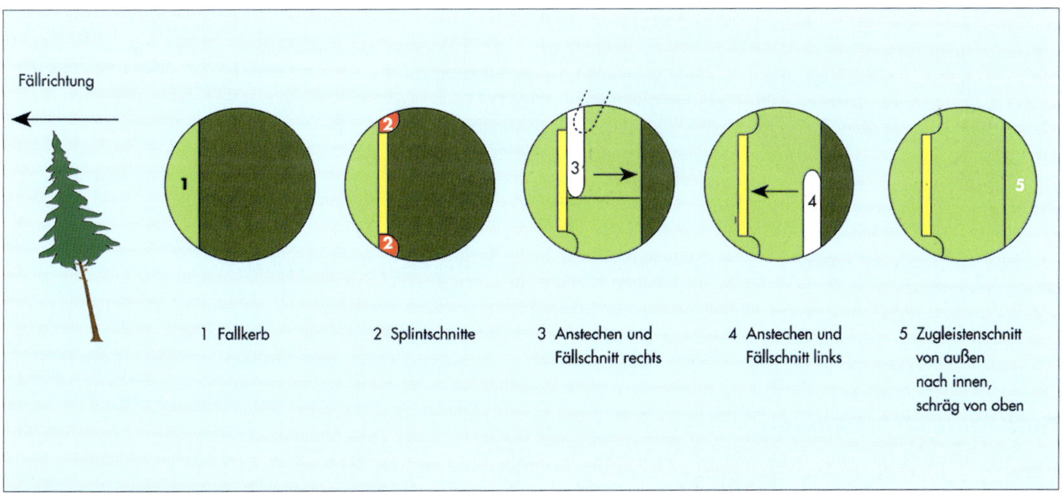

Fälltechnik** bei **Vorhängern

❑ V-Schnitt-Technik

Nur dort zulässig, wo die Fällrichtung des Baumes durch das Vorhängen nicht mehr beeinflussbar ist. Durch diese Technik wird die Spannung während des Fällschnittes rasch abgebaut. Während der Arbeitsausführung muss eine sichere Arbeitsposition eindeutig gegeben sein. **Achtung:** Nur für Geübte!

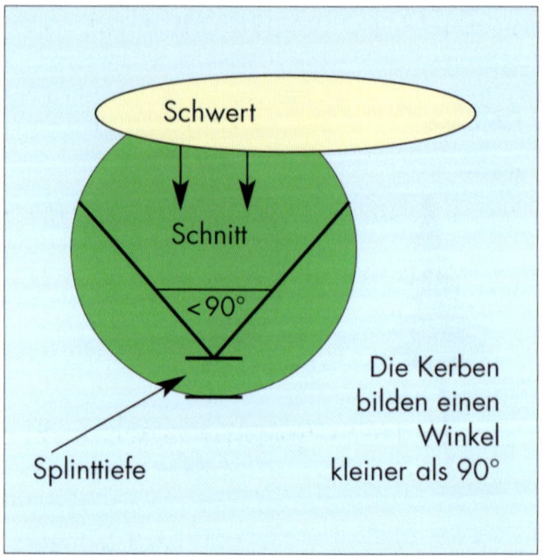

V-Schnitt

Arbeitsablauf:

- Kerben mit Dach und Sohlenneigung anlegen (Öffnungswinkel 45°–60°)
- Warnruf! Fällbereich überblicken
- Fällschnitt ausführen – ca. 2 cm höher als die Kerbsohlenschnitte
- Fällschnitt weiterführen bis der Baum zu fallen beginnt, das Bruchdreieck beträgt ca. 1/5 des Stockdurchmessers

Bei stärkeren Durchmessern ist die Kombination mit dem herkömmlichen Vorhängerschnitt (Stechschnitt vom Bruchdreieck Richtung Zugzone) möglich.

❑ Seithänger

- Fallkerb schneiden
- Warnruf!
- Anstechen an der Druckseite
- Fällschnitt – Bruchleiste an der Zugseite stärker belassen
- Keile an der Druckseite setzen
- Fällschnitt beenden
- Warnruf! Fällbereich überblicken!
- Umkeilen

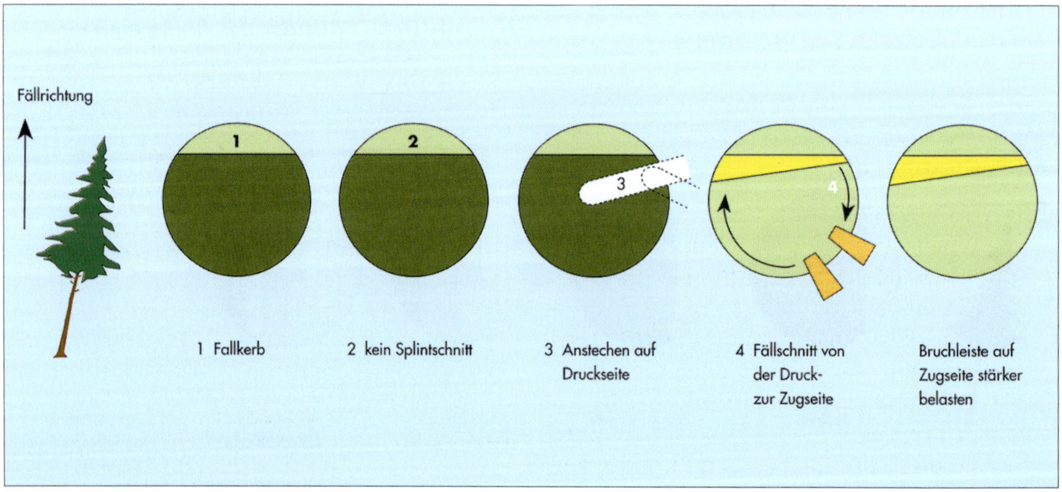

Fälltechnik** bei **Seithängern

❑ Sicherheitshinweise zur Laubholzschlägerung

Die Fällung des Laubholzes ist gefährlicher als die des Nadelholzes.

Zusätzliche Unfallgefahren bestehen durch:

- Infolge glatter Stämme leichteres Abrutschen des Holzes
- Große Spannungen im Holz – Schnellen bei Trennschnitten
- Häufiges Herabfallen von schweren Ästen

Um die Unfallgefahr soweit wie möglich zu senken, sollten folgende Hinweise beachtet werden:

- Etwas höhere Bruchstufe als normal
- Immer Splintschnitte anlegen
- Bruchleiste etwas schwächer anlegen
- Kritische Sonderfälle (Rückhänger) nur mit Zuggeräten fällen
- Bei Vorhängern immer eine Halteleiste belassen
- Auch im Schwachholz auf eine Bruchstufe nicht verzichten
- In besonders kritischen Fällen muss eine Stammpresse das Aufreißen verhindern

9.2.4 Zu-Fall-Bringen von Aufhängern

Ein Großteil der Aufhänger ließe sich vermeiden, würde die Fällung sorgfältig und genau durchgeführt werden.

Wichtig ist vor allem die genaue Festlegung und Kontrolle der Fällrichtung. Ergibt die Kontrolle eine Abweichung der geplanten Fällrichtung, so kann durch Nachschneiden des Fallkerbes die Fällrichtung korrigiert werden.

Möglichkeiten für das Zu-Fall-Bringen von Aufhängern:

- Bei Schwachholz mit Packzange austragen, ausdrehen mit dem Wendehaken des Fällhebers oder mit dem Sappel über den Stock hebeln.
- Bei Starkholz ausdrehen mit dem Ringwendehaken und einer Stange als Hebel, mit dem Sappel über den Stock hebeln, abhebeln mit gekreuzten Hölzern oder Ausziehen des Aufhängers mit Traktorseilwinde.

Aufhänger müssen in jedem Fall sofort zu Fall gebracht werden.

*Austragen nach dem Schrägschnitt mit der **Packzange***

Bei der ***Aufarbeitung von Schadholz*** *ist* ***größte Vorsicht*** *geboten*

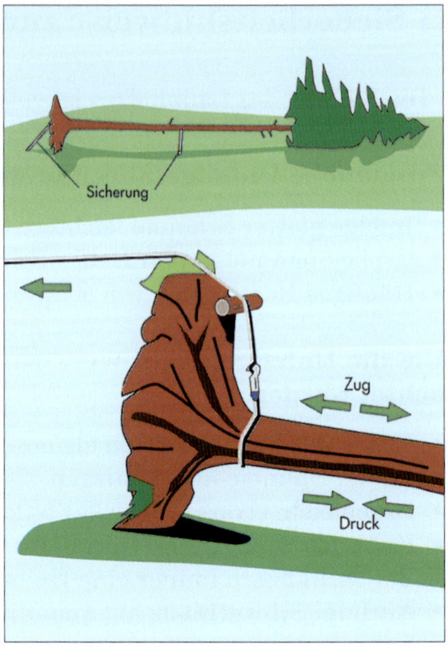

Richtiges Absichern *bei* ***Windwürfen***

9.2.5 Aufarbeitung von Schadholz

Die Arbeiten im Windwurf sind äußerst gefährlich; sie sollten vom Wipfel her begonnen werden.

Besonders das Abrollen und Umkippen von Wurzeltellern verursacht Tod oder schwerste Verletzungen durch Erdrücken oder Überrollen.

Wurzelteller sind durch Abstützen oder durch Zurückhängen mit Seilzuggeräten gut abzusichern.

Bei Flächenwindwürfen und übereinanderliegenden Bäumen sollten die **Windwurfnester** durch den Einsatz einer Seilwinde aufgelöst werden.

Bei den Trennschnitten ist die Schneidetechnik für verspannte Hölzer genau zu beachten.

Richtige Fällung *von* ***geknickten Bäumen***

Oft unterschätzt wird das **Fällen von Stämmen ohne Krone.** Die Folge dieses Leichtsinns sind schwere bis tödliche Verletzungen. Daher ist auch beim Fällen von abgewipfelten Bäumen stets genügend Bruchleiste zu belassen. Der Einsatz des Fällhebels ist von Vorteil.

Bei geknickten Bäumen sollte zuerst versucht werden, mittels Seilzugs den Kronenteil niederzuziehen. Ist dies nicht möglich, ist der Stamm seitlich zu fällen.

9.3 ENTASTUNG

Es muss zwischen einer Entastungstechnik im Schwach- und Starkholz unterschieden werden.

9.3.1 Entasten von Schwachholz

Neben der Motorsägenentastung hat im Schwachholz auch die Axtentastung Bedeutung.

❑ Axtentastung

Vorteil durch weniger Motorsägenlaufzeit, daher weniger Lärm, Vibrationen und Abgase. Geeignet ist eine Universalaxt mit geschwungenem Stiel. Bei der Arbeit ist auf eine günstige Körperhaltung und einen sicheren Stand zu achten. Entastet wird immer auf der dem Körper abgewendeten Stammseite. Abschnittsweise hin- und hersteigen! Muss ausnahmsweise an der Stammseite entastet werden, so muss der Axthieb vom Körper weg in Richtung Boden geführt werden. Sehr schwache Äste werden mit der Zehenflanke der Axt abgestoßen.

❑ Motorsägenentastung

Dabei wird, wie im Starkholz, die Hebelmethode angewendet.
Bei schwachen Ästen (ca. 1,5 cm Astdurchmesser) ist die Schwingentastung rationell. Sie sollte jedoch nur von **geübten Motorsägenführern** angewendet werden und erfordert eine spezielle Technik.

9.3.2 Entasten von Starkholz

Im Starkholz ist in der Praxis nur die Motorsägenentastung üblich. Je nach Astzone unterscheidet man zwischen Hebelmethode (Dürrastzone) und Scheitelmethode (Grünastzone).

❑ Hebelmethode

Dabei wird das Schwert durch Hebeln in den Schnitt gedrückt. Die Motorsäge wird entweder am Stamm oder am rechten Bein abgestützt.
Die Körperhaltung sollte möglichst aufrecht sein.
Der Haltebügel der Motorsäge muss immer mit geschlossenem Griff umfasst werden. Die Entastung beginnt in der Regel auf der rechten Stammseite. Wird auf der Stammober-

Entasten – Hebelmethode

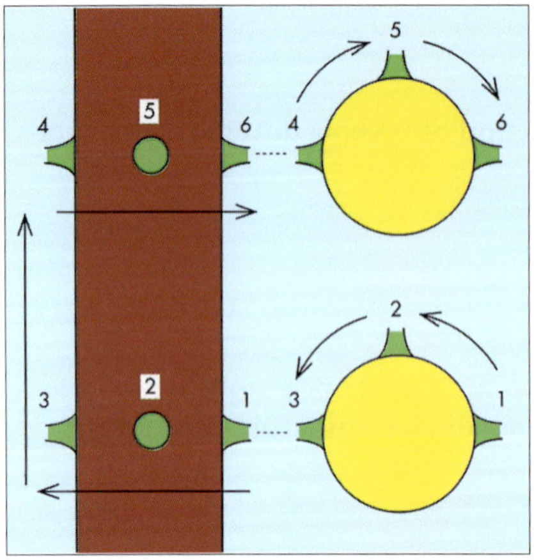

Richtiger Arbeitsablauf** bei der **Hebelmethode

Scheitelmethode

seite bzw. auf der Standseite des Motorsägenführers entastet, muss das linke Bein zur Seite gestellt werden.
Als Motorsäge eignet sich am besten eine Leicht- oder Mittelklassesäge.

❑ Scheitelmethode

Dabei werden alle Äste – um ein Einklemmen des Schwertes zu verhindern – von der Zugseite durchtrennt.
Die Entastung beginnt an der Stammoberseite (Scheitel) und wird anschließend an der Gehseite (linke Stammseite) fortgesetzt. Zum Schluss wird die rechte Stammseite fertig entastet.
Während des Vorgehens zum nächsten Astkranz sollte sich das Schwert auf der rechten Stammseite befinden. Stark verspannte Äste sollten vorher gestummelt werden.
Geeignet ist wiederum eine Leicht- oder Mittelklassesäge.

*Einsatz des **Rollmessbandes** bei der Astung*

Bei allen Entastungstechniken wird gleichzeitig das Rollmaßband verwendet. Dabei werden die einzelnen Längen markiert bzw. die Trennschnitte durchgeführt.

9.4 TRENNSCHNITTE

9.4.1 Trennschnitte bei unverspanntem Holz

Schwache Hölzer werden mittels ziehender oder schiebender Kette mit einem einfachen Schnitt durchgetrennt. Bei der Arbeit am Hang immer auf der Bergseite stehen!
Bei stärkerem Holz wird an der Senkrechten (Gegenseite) vorgeschnitten.
Sehr starke Hölzer werden mit einem doppelten Trennschnitt durchtrennt. Am Hang zuerst auf der Talseite, dann auf der Bergseite arbeiten. Druck- und Zugseite beachten!

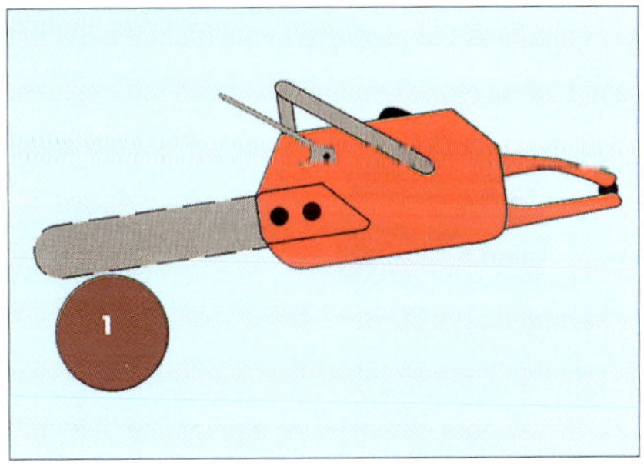

Trennschnitt *– schwaches Holz*

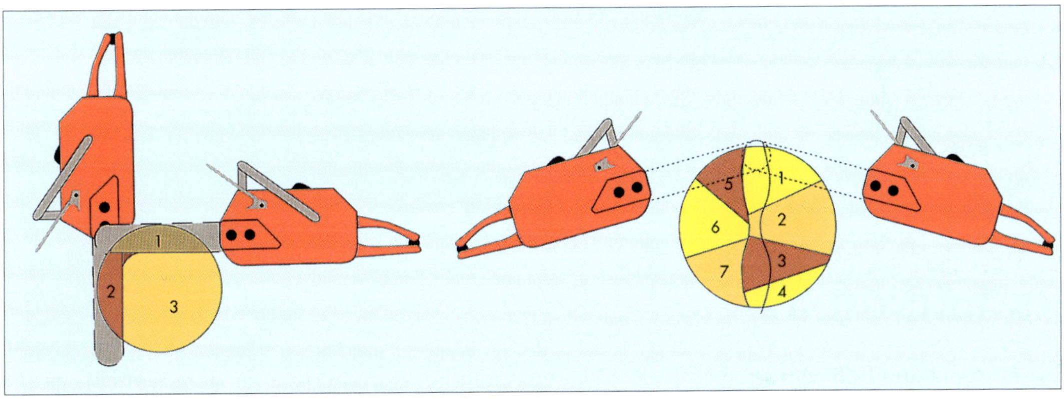

Trennschnitt *– starkes Holz;* ***doppelter Trennschnitt***

9.4.2 Trennschnitte bei verspanntem Holz

Bei verspanntem Holz (Durchhänger, Überhänger) ist stets auf die Druck- bzw. Zugseite zu achten. Bei Trennschnitten beginnt die Bearbeitung des Stammes immer auf der Druckseite. Bei sehr stark verspanntem Holz soll zusätzlich eine Bruchleiste belassen werden!

Trennschnitt

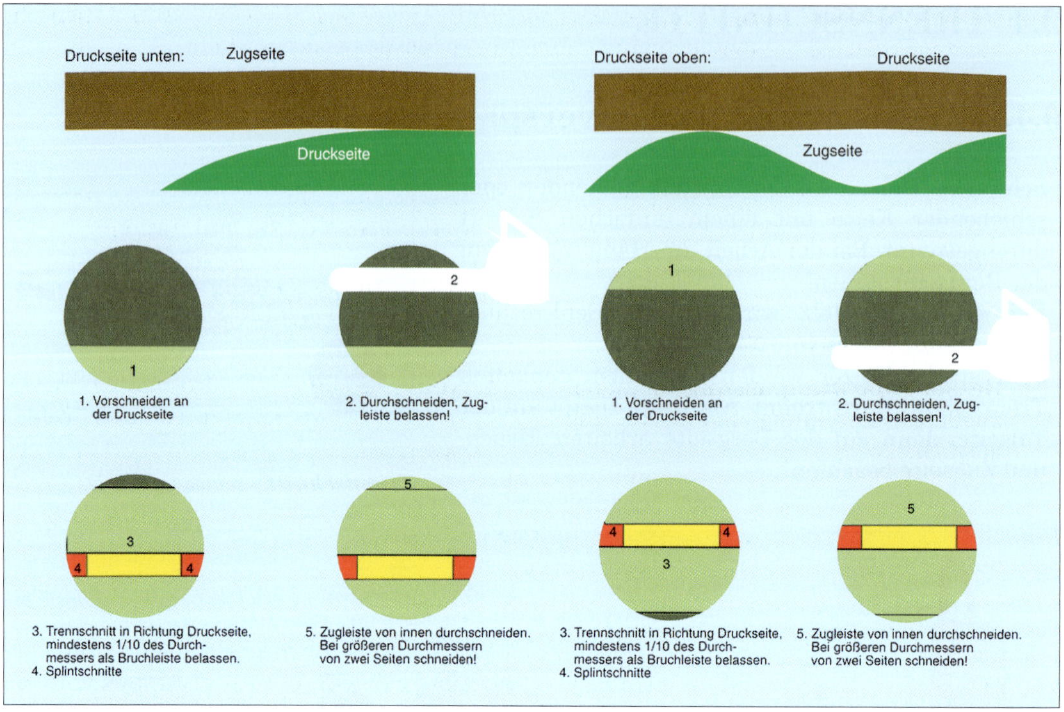

9.5 BRINGUNG

Bringung ist die Beförderung von Holz oder sonstigen Forstprodukten aus dem Wald bis zu einer öffentlichen Verkehrsanlage bzw. zum Ort der Verarbeitung (Sägewerk, Industrie). Dabei lassen sich folgende Abschnitte unterscheiden:

- **Rückung** ist die Holzbringung vom Hackstand bis zur Forststraße. Das händische Holzbringen bergab mit Hilfe der Schwerkraft wird „Liefern" bezeichnet.
- **Lagerung** ist die Zwischenlagerung des Holzes für die Abfuhr im Wald.
- **Abfuhr** ist der Transport des Holzes auf der Forststraße bis zum öffentlichen Straßennetz oder Verbraucher.

9.5.1 Rückung

In welchem Zustand die Bäume gerückt werden, hängt von der Erntemethode ab, die aufgrund der Holzmenge, der verfügbaren Rückemittel usw. gewählt werden.

Für den Bauernwald kommen die sortimentsweise und stamm-(schaft-)weise Rückung in Betracht.

Das baumweise Rücken ist nur bei einer vollmechanisierten Ernte sinnvoll und setzt das Vorhandensein eines Prozessors voraus.

Die **stammweise Rückung** hat gegenüber der sortimentsweisen Rückung, die mit menschlicher und tierischer Kraft das Auslangen findet, folgende Vor- und Nachteile:

Vorteile	Nachteile
• **Arbeitserleichterung**, da Entrinden und Ausformen nicht am Fällort erfolgen. • **Weniger Anhängearbeit**, da ganze Stämme geliefert werden. • **Bessere Marktanpassung**, da individuellere Ausformung und Sortierung möglich.	• Bei unsachgemäßer Arbeit mehr **Schäden** an Boden und Bestand. • **Mehr Planung** und **Organisation** erforderlich. • **Hohe Anschaffungskosten** für die erforderlichen Maschinen und Geräte.

Für die Rückung kommen folgende **Rückemittel** in Betracht:

❑ Menschliche Kraft

Auch im Maschinenzeitalter ist beim Rücken der Einsatz menschlicher Kraft notwendig. Während früher das Rücken weitgehend mit dem **Sappel** erfolgte, sollte diese Arbeitsmethode heute nur mehr bei folgenden Fällen angewendet werden:

- Sammeln des Holzes für andere Rückungsarten.
- Liefern kleiner Mengen, z. B. aus zufälligen Ergebnissen oder aus Naturverjüngungen.
- Rücken bei günstigen Einschlagorten mit genügend vorhandenen Arbeitskräften bzw. auf kurze Entfernungen (maximal 200 m).

Beim Rücken mit dem Sappel wird das Holz meist unter Ausnützung der Schwerkraft an einer Stelle zusammengebracht und über eine **Erdriese** oder **ausgetafelte Riese** zum Abfuhrweg geliefert. Erdriesen sind nach der Lieferung mit Reisig zu verbauen, um Runsenbildung zu vermeiden. Heute werden vielfach **Kunststoffriesen** (Log Line) verwendet.
Ein einfacher Spranz erleichtert die händische Rückung. Dieser wird bei der Ausformung mit der Motorsäge stirnseitig in Rückerichtung angebracht.

Log Line

❑ Gleitbahnen (Log Line)

Diese Halbschalen aus Kunststoff ermöglichen die Rückung von Holz bis etwa 6 m Länge und 30 cm Durchmesser. Die einzelnen Teile sind 5 m lang und wiegen 25 kg. Die Rückentfernung ist mit etwa 100–200 m am günstigsten. Mit kleinen Seilwinden (Ackjawinde) werden die auf der Straße zusammengefügten Schalen in Längen von ca. 100 m in den Bestand gezogen.

Gleitbahnen haben folgende Vorteile:

- **Schonung** des Bodens, Bestandes, Holzes und der Naturverjüngung
- **Ausnützung** der natürlichen Schwerkraft
- **Schnelle Montierbarkeit** und rascher Ortswechsel möglich
- **Mindestgefälle** 15 % bei nassem Holz ohne Rinde, **Höchstgefälle** 50 % bei Holz in Rinde
- **Leichte Zubringung** des Holzes zu Wegen, Seilanlagen, Schleppern und dergleichen aus Durchforstungen

❑ Tierische Kraft

Das Rücken mit dem Pferd hat eine Reihe von Vorteilen, wie **Möglichkeit der Einmannarbeit** (Mensch – Tier), auch im Gebirge **Liefern in Schichtlinie, Umweltfreundlichkeit** (kein Lärm und Gestank), **geringe Bodenbeschädigung.** Dennoch gelangt die tierische Zugkraft wenig zur Anwendung, da Pferde in der Landwirtschaft kaum eingesetzt werden. Für eine naturnahe Waldwirtschaft wäre die Pferderückung wünschenswert.

Schonende Stammrückung *mit dem Pferd*

❑ Traktoren

Landwirtschaftliche Traktoren mit **Seilwinden, Rückewagen** oder **Rückezangen** ermöglichen auch im Bauernwald ein stammweises Rücken.
Traktoren sollen, wenn sie häufig für die Waldwirtschaft eingesetzt werden, mit einer entsprechenden Forstausrüstung versehen sein.

- Allrad ab 50 KW
- Ventilschutz, 10–12 lagige Reifen, verstärkte Felgen
- Bodenschutzwanne
- Vordere Ballastgewichte, Frontschutz für Kühler und Scheinwerfer
- Schutzgitter um vordere, seitliche Begrenzungsleuchten und Rückeleuchten
- Vorne abnehmbare Kotflügel
- Türen leicht abnehmbar, Rückspiegel beiklappbar, Heckfenstergitter

Holzbringung *mit* ***Traktor*** *und* ***Seilwinde***

- Astabweiser über dem Motor, Auspuff unter Astabweiser
- Wegzapfwelle, doppelwirkende Hydraulik

Rückewagen und Rückezangen müssen allerdings technisch entsprechend ausgestattet sein (kräftige Seilwinde, Geländegängigkeit, schnelle Seilarbeit, große Belastbarkeit, Bergstütze für Seilzug, beim Rückewagen Schutzschild gegen anfahrende Stämme usw.)

Rückung** mit der **Rückezange

Im befahrbaren Gelände (flach, trocken, gefroren) sind Krananhänger eine gute Alternative zu Seilwinden, da die Schleifrückung durch eine „Tragerückung" ersetzt werden kann.

❑ Forstschlepper

Spezialtraktoren zum Rücken sind Forstschlepper (zumeist Knickschlepper). Bei diesen handelt es sich um geländegängige Traktoren mit Allradantrieb und leistungsfähigen aufmontierten Seilwinden. Mit Hilfe dieser Geräte können ganze Bäume aus dem Bestand herausgestreift werden. Diese Maschinen wurden für den Großwaldbetrieb entwickelt.

Forstschlepper kommen im Bauernwald im Allgemeinen nur bei gemeinschaftlicher Nutzung oder bei Unternehmereinsatz in Betracht.

❑ Seilwinden

Für den bäuerlichen Wald werden **Seilwinden** am häufigsten in **Verbindung mit einem Traktor** verwendet. Beim Ankauf ist auf Gewicht der Seilwinde, Montierbarkeit, Platzbedarf, Fahrzeugbelastung, Beanspruchung der Hydraulik und Leistungsmöglichkeit zu achten. Mit der Seilwinde ist es möglich, Holz sowohl bergab als auch bergauf zu seilen, was lange Lieferwege durch Bestände erspart. Mit Umlenkrollen, die an Stöcken und Baumstämmen angebracht werden, ist die Rückung mit der Traktorseilwinde relativ einfach und zeitsparend. Die Arbeit mit einer **Doppelseilwinde** erspart das jeweilige Ausziehen des Zughakens durch einen eigenen Mann, da das sogenannte Rückholseil, welches auf der zweiten Trommel abrollt, den Zughaken immer wieder auf den Schlagort zurückbringt.

Der Aufenthalt** zwischen dem Dreieck **Seilwinde, Umlenkrolle** und den zu **rückenden Baumstämmen** ist **verboten

Das **Bodenseilen** hat folgende Vorteile:

- Bringung des Holzes bei jedem Wetter ohne Befahren des Bestandes.
- Rückung erfolgt unter Kontrolle, daher weniger Schäden an Bestand und Holz. Bei Trockenheit oder Frost auch weniger Schäden am Waldboden.

❑ Zubehör für die Seilrückung

Würgeketten

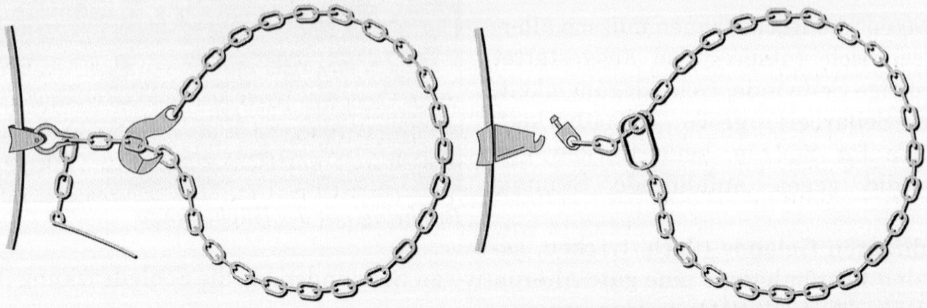

mit Verkürzungsmöglichkeit | ohne Verkürzungsmöglichkeit

Vorteile

- Geringe Abnutzung beim Bodenzug
- Keine Verletzungsgefahr durch Drahtbrüche
- Verkürzungsmöglichkeit durch Einhängelasche oder Spezialhaken
- Einfache Reparatur bei Kettenriss
- Kein selbsttätiges Aushängen bei Lockerung der Kette

Nachteile

- Größeres Gewicht
- Geringerer Würgeeffekt

Würgeseile

mit Seilgleitöse | mit Seilgleithaken

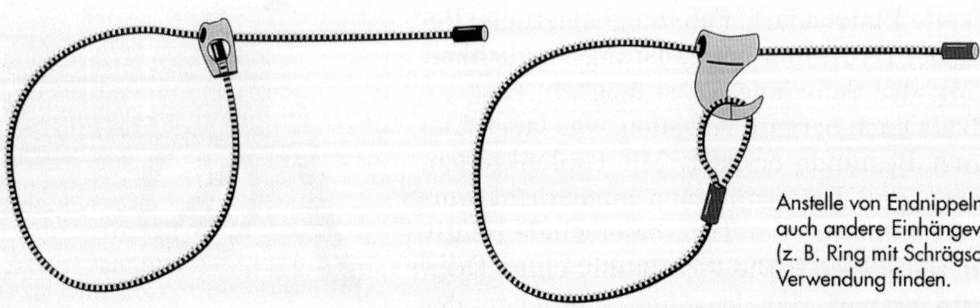

Anstelle von Endnippeln können auch andere Einhängevorrichtungen (z. B. Ring mit Schrägschlitz) Verwendung finden.

Vorteile

- Leichteres Befestigen der Lasten
- Geringes Gewicht
- Verkürzungsmöglichkeit durch Einhängelasche oder Spezialhaken
- Selbstherstellung möglich (verkeilte Nippel)
- Besserer Würgeeffekt

Nachteile

- Länge kann nicht verändert werden
- Hoher Verschleiß beim Bodenzug
- Verletzungsgefahr durch abstehende, verrostete Drähte
- Selbsttätiges Aushängen bei Lockerung der Seilschlinge

- Schnelle Überstellbarkeit von einem Arbeitsort zum anderen.
- Kleinste Holzmengen können gerückt werden.

❑ Krananhänger

Mit dem Krananhänger können Sortimente von 2–6 m Länge aus dem Bestand gebracht werden. Dabei wird im Schlepper befahrbaren Gelände ausschließlich auf den Rückegassen gefahren. Der Holztransport auf Rückewegen und Forststraßen ist eine weitere Einsatzmöglichkeit. Der Einsatz des Krananhängers rechnet sich ab einer Rückeentfernung von 500 m. Ein kleiner Krananhänger mit 8,5 t Nutzlast kann ca. 10 fm Rundholz transportieren. Die Zugmaschine muss an das Gewicht des Krananhängers angepasst sein.

❑ Mobile Seilgeräte

Für die Rückung von Holz aus schwierigen Gebirgslagen stehen **mobile Seilgeräte** zur Verfügung. Sie sind schon wirtschaftlich, wenn die Holzmenge ungefähr der halben **Tragseillänge** entspricht. (Beispiel: Bei einer Tragseillänge von 200 m müssten etwa 100 fm Holz anfallen.) Im Bauernwald kommen mobile Seilgeräte allgemein durch Unternehmer, Käufer oder im Eigenbesitz zum Einsatz. Es gibt mobile Seilanlagen mit Kippmast, die an die Dreipunkthydraulik des Traktors montiert werden, daher sehr beweglich sind und sich auch bei kleinsten Holzmengen (Durchforstungen mit etwa 20 fm je Trasse) einsetzen lassen.

Das **Seilen mit dem mobilen Seilgerät** hat folgende Vorteile:

- Holzbringung wetter- und bodenunabhängig.
- Größte Schonung von Boden, Holz und Bestand, da die Last seitlich zugezogen wird, dann aber am Tragseil frei schwebend oder im Kopfhochverfahren gerückt wird.
- Rückung von Holz in Rinde und nahezu jeder Länge ist möglich.
- Seitlicher Zuzug der Lasten bis etwa 30 m rentabel.
- Hindernisse werden leicht überwunden.
- Die Seilung ist besonders umweltfreundlich.

Nachteilig sind die höheren Kosten gegenüber der Traktorrückung und die erforderliche bessere Ausbildung. Es ist daher beste Planung notwendig. Die Seilrückung hat steigende Tendenz.

*Einatz des **mobilden Seilgerätes** als Ergänzung des Wegenetzes*

❑ Hochmechanisierte Holzernte mittels Harvester und Forwarder

Hochmechanisierte Holzernte

Die vollmechanisierte Holzernte mit Harvester und Forwarder stellt im befahrbaren Gelände (35 % Steigung für Radharvester und Forwarder und 50 % für Kettenfahrzeuge) eine kostengünstige Variante der Holzernte dar. Der Einsatz solcher Maschinen ist erst ab 500 fm wirtschaftlich. Eine gemeinsame Organisation von Ernteeinsätzen ist im kleinstrukturierten Bauernwald sinnvoll.
Die Vorbereitung von Harvesterflächen durch Feinerschließung und waldbauliche Auszeige (Negativauslese) ist unbedingt vorzusehen. Nur dadurch lassen sich waldbauliche Zielsetzung und eine entsprechende Arbeitsqualität erreichen.
Die Trassenbreite solle die Breite des Fahrzeuges um 2 m übersteigen um eine entsprechende Arbeitsfreiheit des Kranes zu ermöglichen. Das Arbeitsfeld und damit der Abstand der Arbeitsgassen orientiert sich an der Kranarmlänge des im Einsatz befindlichen Harvesters. Die Entastung der gefällten Bäume soll grundsätzlich in der Arbeitsgasse erfolgen, um einen möglichst hohen Boden- und Wurzelschutz zu erreichen.

❑ Hubschrauberbringung

Eine Hubschrauberbringung ist nur bei sehr wertvollen Hölzern in sehr schwierig bringbaren Lagen bei kurzer Flugzeit rentabel. Der Hubschrauber wird auch sehr häufig in der Schutzwaldsanierung und der Wildbach- und Lawinenverbauung eingesetzt.

9.5.2 Lagerung

Ein gut erschlossener Wald erspart eine längere Lagerung des Holzes, da nahezu jederzeit abgeführt werden kann. Bei der Lagerung im Freien ist das Holz der Witterung ausgesetzt, was seine Qualität beeinträchtigt. Regen und Trockenheit machen es rissig, und in die Risse eindringende Pilze verursachen Lagerschäden, wie Schwarz- und Rotstreif und bei der Kiefer die Blaufäule. Je tiefer die Risse, um so höher die Lagerschäden, da die erzeugte Schnittware bzw. der Zellstoff mindere Qualität aufweisen. Lagerschäden im Fabriksgelände sind durch sachgemäße Lagerung des Holzes und durch Schutzvorkehrungen immer geringer als im Wald. Holz sollte auf Unterlagen und für die Kranverladung erreichbar gelagert werden.

Das geschlägerte Holz sollte möglichst rasch der Verwertung zugeführt werden, d. h. verkauft und abtransportiert werden.

Dies ist auch volkswirtschaftlich wichtig, da das Holz bei rascher Verwertung Zinsen trägt, während es im gelagerten Zustand zinsenloses Kapital darstellt.
Ist eine Lagerung nicht zu umgehen, sollte dabei folgendes beachtet werden:

- Holz sollte nie auf dem Boden liegen, sondern auf gesunden Unterlagen.
- Keine Lagerung über Bächen; über Wildbächen ist die Lagerung verboten.
- Verschiedene Sorten getrennt und für den Ladekran erreichbar (ca. 7 m) lagern.
- Lagerplätze sollten genügend groß, trocken und luftig sein.
- Bei Holzlagerung auf Forststraßen Wasserabfluss und Befahrbarkeit nicht behindern.
- Holz muss so gelagert werden, dass es nicht ungewollt wegrollen kann.

9.5.3 Abfuhr

Die Holzabfuhr erfolgt heute fast ausschließlich mit Lastkraftwagen aller Größen und Stärken und nur im bescheidenen Umfang auch mit Traktoren. Wünschenswert wäre der Traktorentransport kleiner Holzmengen zu Sammelplätzen, um einen gemeinsamen Verkauf mit höherer Wertschöpfung zu ermöglichen.

Für die **Abfuhr** sind notwendig:

- Forstwege mit genügender Breite und fester Fahrbahn (Trockenheit, Frost)
- Lkw mit Allradantrieb und Differentialsperre für steilere Wege
- Verladekräne mit hydraulischem Greifer

Bei der Holzabfuhr ist vom Frächter ein Lieferschein dem Verkäufer des Rundholzes auszuhändigen.

10. VERMARKTUNG DES HOLZES

Der Geldertrag des Waldes hängt neben Art, Qualität und Menge des geernteten Holzes sehr maßgeblich vom erzielten Verkaufspreis ab. Dieser wird dann zufriedenstellend sein, wenn die Produktion marktgerechter Sortimente erfolgt und der Verkauf entsprechend vorbereitet und durchgeführt wird. Zu einem höheren Holzpreis kann auch der gemeinschaftliche Holzverkauf (z. B. Waldwirtschaftsgemeinschaft) beitragen.

10.1 SORTIERUNG

Die Holzsortimente und ihre Sortierung sind durch Übereinkommen zwischen den Vertretern der Forstwirtschaft und der Holzwirtschaft geregelt und in den Österreichischen Holzhandelsusancen der Wiener Börsenkammer und in den Ö-Normen L 1021 und ENV 1927-1 festgelegt.
Diese Übereinkommen gelten als Handelsbrauch und werden immer zugrunde gelegt, wenn nicht ausdrücklich eine andere schriftliche Vereinbarung getroffen wurde.

10.1.1 Ausformung

Grundsätzlich ist das Holz so auszuformen, dass möglichst viel Nutzholz und möglichst wenig Brennholz anfallen. Die fachgerechte Ausformung und Sortierung sowie entsprechendes Geschick und Wissen beim Holzverkauf entscheiden über den wirtschaftlichen Erfolg der Holzernte.

Zuerst die Marktlage beobachten und dann **marktgerecht ausformen.**

Damit dieser Grundsatz auch praktisch eingehalten werden kann, muss jeder Waldbesitzer schon vor der Schlägerung nach günstigen Absatzmöglichkeiten für sein Holz suchen und dann genau nach den Wünschen des Käufers ausformen.

Beispiele für das Ausformen

- **Vollholzige Stämme** ergeben, lang ausgeformt, ein höheres Messergebnis.
- **Abholzige Stämme** ergeben als Bloche ein höheres Messergebnis.
- Ausgleich bei **gekrümmten Stämmen** sichert bessere Qualität.

Ausformung bei weichfaulen Stämmen

Zuerst wird der Stamm gesundgeschnitten, d. h. man schneidet ihn, wenn er am Stockende weichfaul oder hohl ist, zurück, bis er zumindest eine Hartbräune (Braunblochqualität) erreicht hat. Den gesunden Teil der weichfaulen oder hohlen Stücke kann man als Brennholz weiter vermarkten.
Beim Ablängen ist das erforderliche Übermaß zu berücksichtigen.

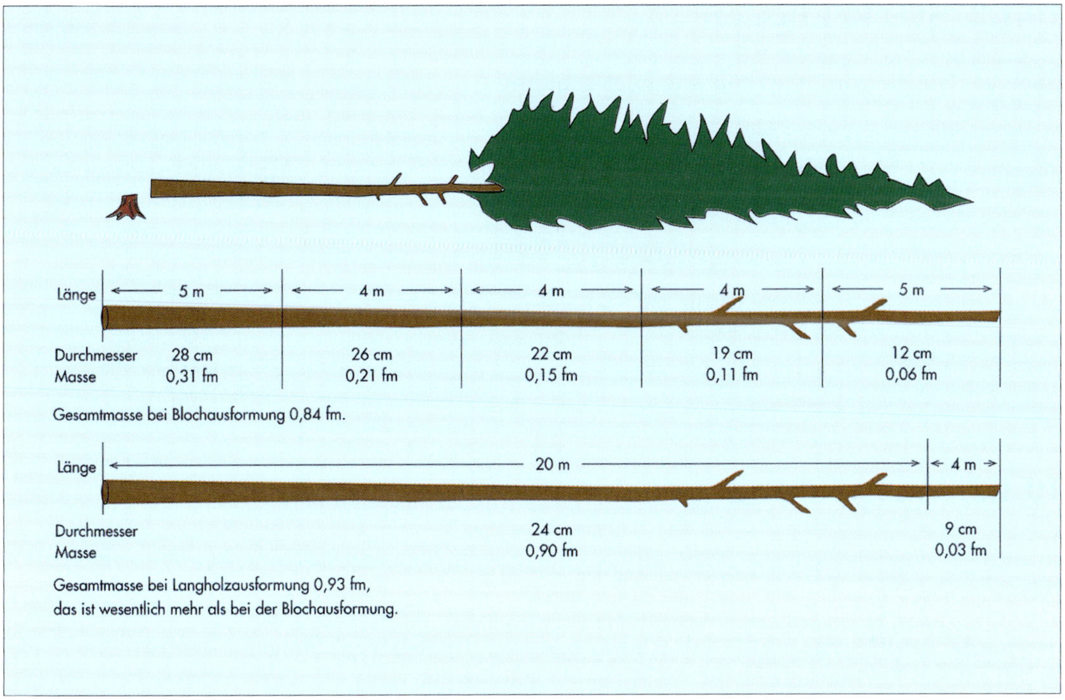

Holzausformung *bei* ***vollholzigen Stämmen*** *– lang und Bloch*

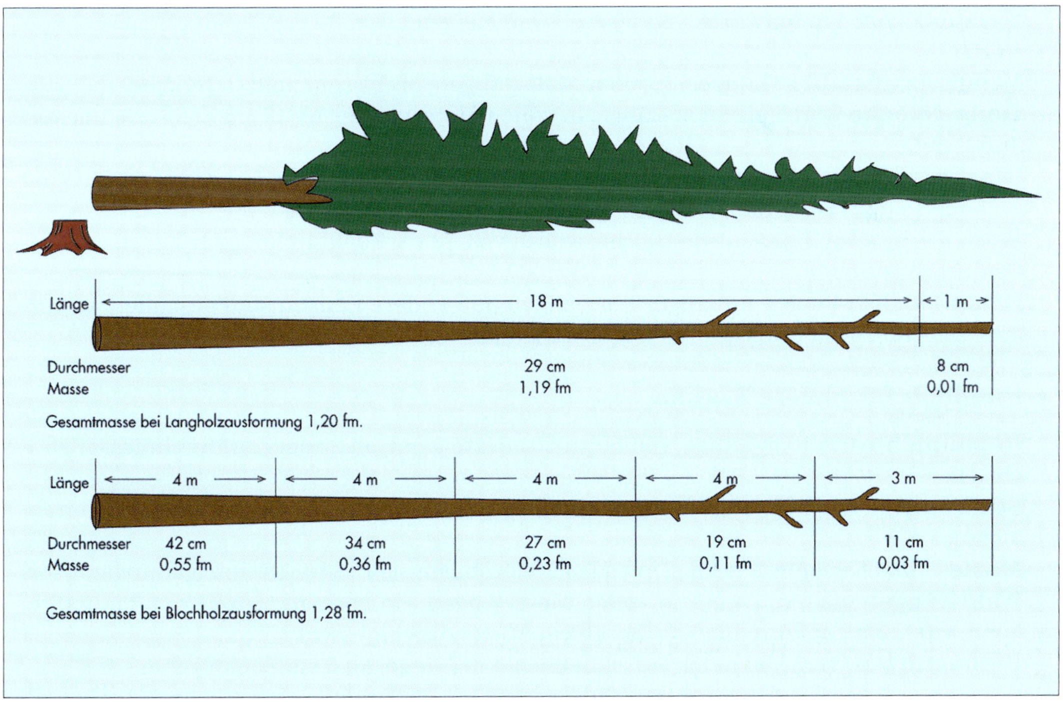

Holzausformung *bei* ***abholzigen Stämmen*** *– lang und Bloch*

10.1.2 Stärkeklassen

Nach der Stärke wird Nutzholz wie folgt benannt:

Stärkeklassen	Mindestdurchmesser in cm (ohne Rinde)	Stärkeklassen	Mindestdurchmesser in cm (ohne Rinde)
1 a	bis 14	3 a	30 bis 34
1 b	15 bis 19	3 b	35 bis 39
2 a	20 bis 24	4	40 bis 49
2 b	25 bis 29	5	50 bis 59
		6	60 und darüber

10.1.3 Verwendungszweck

Je nach Verwendungsmöglichkeit gibt es die verschiedensten Sortimente. Die wichtigsten sind:

- **Schäl- und Furnierholz** (ab 2 m Länge, von 10 zu 10 cm steigend; bei Schälholz ab 30 cm, bei Furnierholz ab 40 cm Mittendurchmesser)

- **Sägerundholz**

  Wertholz (von 4 m aufwärts, von 50 zu 50 cm steigend, von 30 cm Zopfdurchmesser aufwärts)
  Langholz (über 10 m Länge, in vollen Meterlängen; ab 14 cm Zopfdurchmesser)
  Doppelbloche (von 6 bis 10 m Länge, in vollen Meterlängen; ab 17 cm Zopfdurchmesser aufwärts)
  Bloche (4 und 5 m Länge, in vollen Meterlängen, 3 m Längen und andere Längen sind gesondert zu vereinbaren; ab 20 cm Mittendurchmesser)
  Schwachbloche (Längen wie Bloche, jedoch von 12 cm Zopfdurchmesser bis 19 cm Mittendurchmesser)
  Braunbloche (4 und 5 m Länge, 3 m Längen und andere Längen sind gesondert zu vereinbaren, ab 20 cm Mittendurchmesser aufwärts)

- **Rundholz für andere Zwecke**

  Rammpfähle (ab 10 m Länge, von 50 zu 50 cm steigend; ab 25 cm Zopfdurchmesser steigend)
  Starkmaste (von 9 bis 14 m Länge, in vollen Meterlängen; von 17 bis 24 cm Zopfdurchmesser)
  Maste (7 und 8 m aufwärts lang, in vollen Meterlängen; von 13 bis 18 cm Zopfdurchmesser)
  Waldstangen (ab 4 m Länge, in vollen Meterlängen, ein geringer Anteil von 3 m mitgehend; von 7 cm Zopfdurchmesser bis 19 cm Mittendurchmesser)
  Betonstützen (von 2,50 m bis einschließlich 5 m Länge; ab 6 cm Zopfdurchmesser)

- **Industrieholz**

  Rohholz unterschiedlicher Holzart und Qualität, das in der Papier- und Zellstoffindustrie sowie Plattenindustrie Verwendung findet.

Schleifholz IS (nur Fichte und Tanne, frisch [max. Trockengehalt 55%], gesund, keine Zwiesel, kein Bruchholz, auf 1 m praktisch gerade, Länge 1–6 m, Mindestzopf 8 cm in Rinde)
Faserholz IF ist in jeder Baumart lieferbar. Nadel- und Laubholz muss getrennt geliefert werden, Faserholz muss gesund, darf aber trocken geliefert werden. Verblauung zulässig. Fallende Längen von 1–6 m.
Sekundaholz I2 ist Industrieholz wie Faserholz, Rotstreifigkeit und Hartbräune ist aber zugelassen
Manipulationsholz IM: Holz unterschiedlicher Dimension und Qualität, das mit herkömmlichen Förder-, Entrindungs- und Hackanlagen nicht transportiert werden kann.
Plattenholz IP ist ein Mischsortiment aus Faser-, Sekunda-, Dünn- und Manipulationsholz, von 4 cm Zopf aufwärts, fallende Länge von 1–6 m
Energieholz ist Holz für energetische Zwecke. Man unterscheidet Brennholz hart (z. B. Buche, Eiche, Esche, Ahorn ...), Brennholz weich (z. B. Fichte, Tanne, Kiefer, Lärche ...) und Holz zur Hackguterzeugung.

Weitere Sortimente sind Schwellenrundholz und Grubenholz.

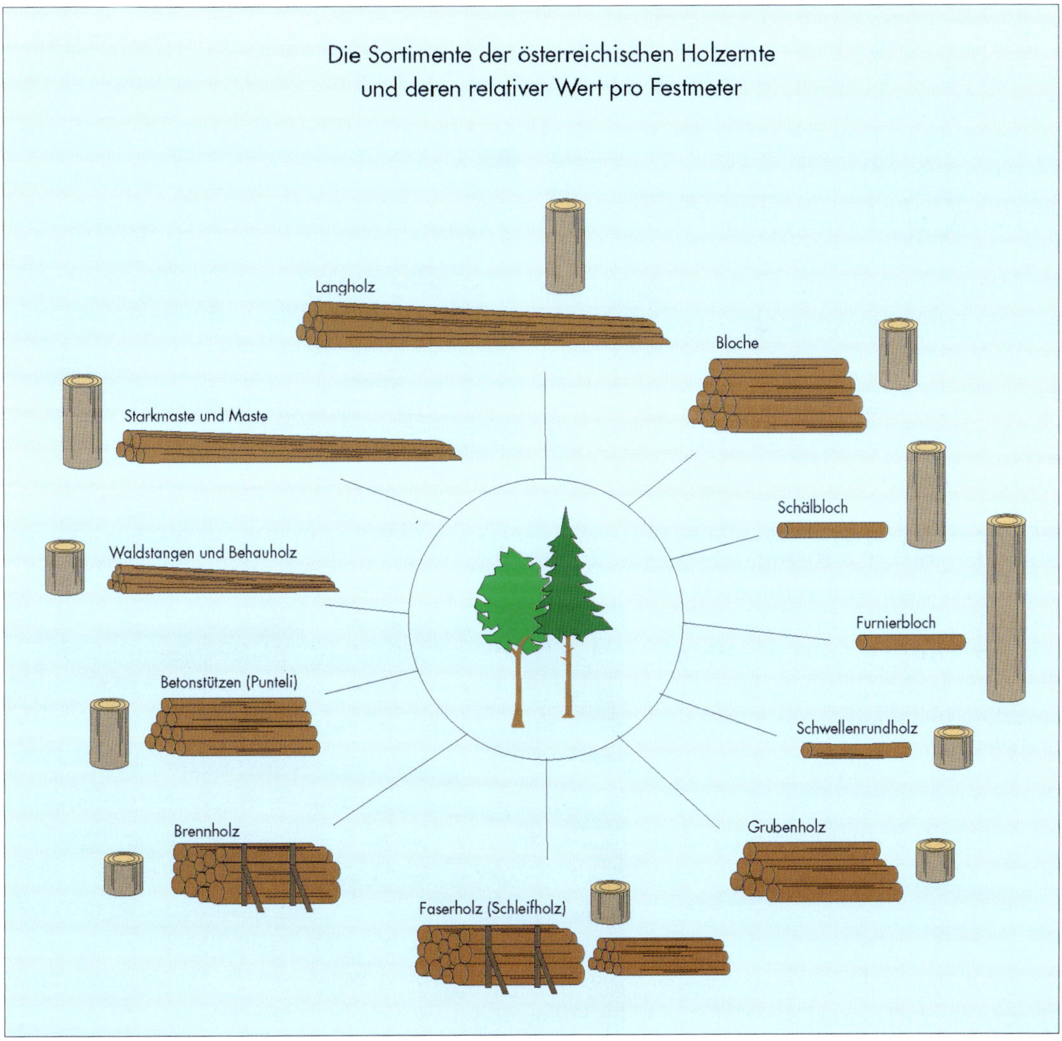

Beschreibung von Holzfehlern

Holz ist ein natürlicher Rohstoff, dessen Aufbau und Verwendbarkeit durch das Auftreten von Holzfehlern stark beeinflusst wird.

Festverwachsene Äste werden vom Baum noch miternährt. Sie sind mit dem umgebenden Holz fest verwachsen.

Nicht festverwachsene Äste sind abgestorbene Äste. Man erkennt sie an einem deutlich dunklen Ring an der Grenze zum Holz des Stammes. Sie können beim Trocknen des Schichtholzes herausfallen.

Krümmung: Die Messung erfolgt mit einem Maßband, welches entlang des Stammes an der Stelle der stärksten Krümmung gespannt wird. Man misst an dieser Stelle den Abstand zwischen Maßband und Stamm (Pfeilhöhe). Die erlaubte Pfeilhöhe je Güteklasse wird in Prozent des Mittendurchmessers angegeben. Der Wurzelanlauf bleibt bei der Messung unberücksichtigt.

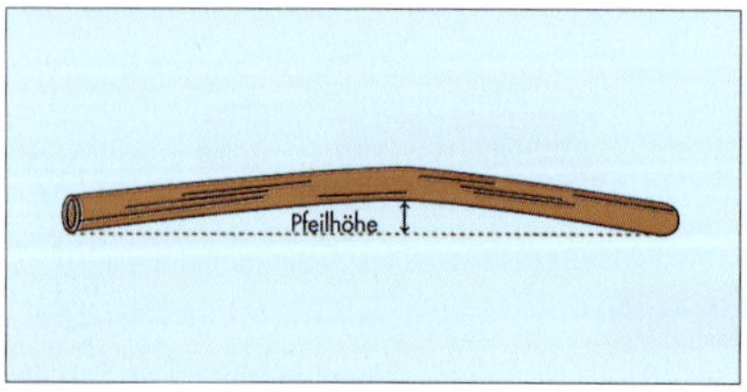

*Messung der **Krümmung***

Buchs: wird auch echiges oder Druckholz genannt. Buchs ist eine verfärbte Verdichtung der Jahrringe als Reaktion auf Zug und Druck und wird in Prozent des Durchmessers der Sichtfläche angegeben.

Ringschäle: Dies ist ein Riss entlang eines Jahrringes, häufig bei einem plötzlichen Wechsel der Jahrringbreiten und wird in Prozent des Durchmessers der Sichtfläche angegeben.

Drehwuchs: ist ein schraubenartiger Verlauf der Holzfasern um die Stammachse und wird in Zentimeter/Laufmeter angegeben.

Unerwünschte Verfärbungen: werden durch Pilze verursacht. Z. B. Rotstreifigkeit, Braun- und Rotfäule, Bläue, Strahlenkern

Insektenbefall: Der bedeutendste Schädling ist der Nadelnutzholzbohrer. Er befällt geschlägertes frisches Holz. Seine im Splint angelegten Mutter- und Larvengänge führen zur Entwertung des Holzes. Erkennung durch weiße Bohrmehlhäufchen auf der Rinde.

Harzgallen: sind Harzeinlagerungen zwischen den Jahrringen

Chinesenbärte und **Rosen** zeigen eingewachsene Äste, oft Fauläste im Inneren von Laubhölzern an.

10.1.4 Güteklassen

Wesentlich für die Eignung des Holzes hinsichtlich seiner verschiedenen Verwendungszwecke ist seine Güte, die sich auch bei der Bezahlung sehr wesentlich auswirkt.

- Beim **Nadelrundholz** für den Sägeverschnitt werden z. B. folgende Güteklassen unterschieden:

Sägerundholz der Güteklasse A (Wertholz)
Rundholz von überdurchschnittlicher Qualität, meist astfrei, Erdstämme mit nur kleinen, eine hochwertige Verwendung nicht beeinträchtigenden Mängeln (kein Drehwuchs, buchs- und beulenfrei, vollholzig. Jahrringbreite im Durchschnitt unter 4 mm.

Sägerundholz der Güteklasse B
Rundholz mittlerer bis überdurchschnittlicher Qualität, ohne Ansprüche auf mängelfreies Holz, das aber wegen einer gewissen Abholzigkeit, Astigkeit, Drehwüchsigkeit usw. nicht mehr in die Güteklasse A fällt. Krümmung: unter 15 % Pfeilhöhe des Mittendurchmessers zulässig. Buchs: bis 10 % des Durchmessers der Sichtfläche. Viele Holzfehler sind je nach Dimension des Holzes gestaffelt. Jahrringbreite durchschnittlich max. 7 mm.

Sägerundholz der Güteklasse C
Rundholz mittlerer bis unterdurchschnittlicher Qualität. Gütemerkmale, welche die natürlichen Holzeigenschaften des Holzes nicht beeinträchtigen, sind zulässig. Zulässige Holzfehler sind abhängig von der Dimension des Holzes. Krümmung bis 20 %. Buchs bis 40 % zulässig.

Sägerundholz der Güteklasse Cx (D)
Rundholz minderer Qualität, das noch für den Sägeverschnitt geeignet ist und Merkmale aufweist, die in der Güteklasse C nicht mehr zulässig sind. Grobastige und abholzige Stämme (Almholz). Krümmung bis 32 %.

Braunbloche
Die Beschaffenheit der Mantelfläche muss wie B sein, die jedoch nagelfest Braun- oder Weißfäule aufweisen. Die Hartbräune ist auf 75 % des Durchmessers der Stirnfläche begrenzt. Unbedeutende Weichfaulstellen im Bereich des Wurzelanlaufes werden toleriert.

- Beim Laubholz für den Sägeverschnitt ist die Ausformung ungleich schwieriger als beim Nadelsägerundholz, da beim Laubholz sehr unterschiedliche Qualitäten festzustellen sind. Daher gibt es für viele Laubholzarten gesondert beschriebene Güteklassen.

Die genaue Beschreibung der verschiedenen Sortimente ist den „Österreichischen Holzhandelsusancen und der Ö-Norm ENV 1927-1“ zu entnehmen.

10.2 HOLZABMASS

Eine richtige Holzabmaß ist Vorausetzung für eine korrekte Berechnung des Holzerlöses. In der Regel wird die Vermessung auf geeichten Geräten im Sägewerk durchgeführt. Grundlage für die Vorgehensweise bei der elektronischen Werksabmaß ist die ÖNORM L 1021 und das Maß- und Eichgesetz. Die Qualitätssortierung erfolgt zum Teil okular. Der Verkäufer hat das Recht bei der Holzabmaß und Qualitätsbestimmung anwesend zu sein. Bis zur elektronischen Werksvermessung hat eine getrennte unverwechselbare Lagerung und Kennzeichnung des Holzes zu erfolgen. Abmaßlisten, Einzel- und Summenprotokolle Müssen dem Verkäufer binnen 14 Tagen nach Übernahme zugehen.
Die Waldabmaß ist nur beim Verkauf von Kleinmengen zweckmäßig. Ein **unparteiischer Vertrauensholzmesser** kann zugezogen werden.

10.2.1 Maße und Mengenbezeichnungen

Bezeichnung	Kurzbezeichnung	Erklärung
Stk		Stück
lfm		Laufmeter
m^2 oder qm		Quadratmeter
m^3 oder cbm		Kubikmeter
fm	F	Festmeter = 1 m^3 feste Holzmasse
rm	R	Raummeter = 1 m^3 Schichtholz mit Zwischenräumen
srm		Schüttraummeter
atro		Absolutes Trockengewicht des Holzes
lutro		Gewicht des Holzes in lufttrockenem Zustand
Zustand:		
m. R.	M	Holz mit Rinde
o. R.	O	Holz ohne Rinde
Verrechnungbasis:		
m. R.	M	mit Rinde
o. R.	O	ohne Rinde

Für die einzelnen Holzsortimente werden verschiedene Maße verwendet (z. B. angegeben Maste in Stück, Stangen, Betonstützen in lfm, Bloche in fm, Schichtholz in rm, Hackschnitzel und ofenfertiges Stückholz in srm, Lang-Schleifholz in kg atro).

Beispiele für Kurzbezeichnungen:

FMM = Festmeter mit Rinde geliefert, mit Rinde gemessen und verrechnet
FMO = Festmeter mit Rinde geliefert, ohne Rinde gemessen und verrechnet
FOO = Festmeter ohne Rinde, ohne Rinde gemessen und verrechnet
RMM = Raummeter mit Rinde, mit Rinde gemessen und verrechnet
ROO = Raummeter ohne Rinde, ohne Rinde gemessen und verrechnet
AMO = atro-Tonne mit Rinde geliefert, ohne Rinde verrechnet

10.2.2 Längenmessung

Die Messung der Länge (l) erfolgt beim geschlägerten Holz bereits bei der Ausformung **(Maßband, Maßstab).** Bei der Holzabmaß wird die Länge der ausgeformten Stämme lediglich überprüft.

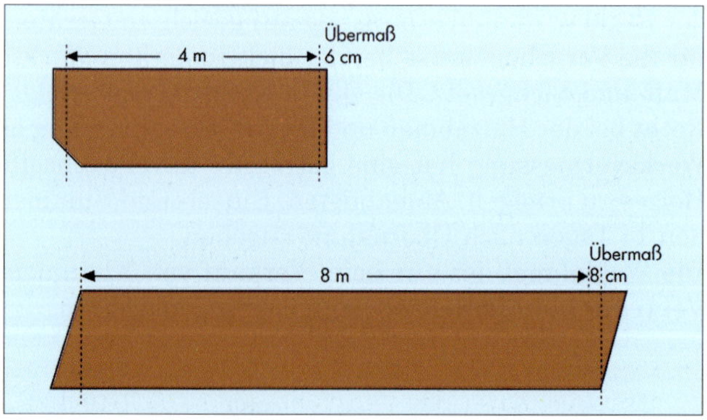

*Beispiel für **Übermaß***

Folgendes ist zu beachten:

- **Übermaß** wird am **Zopf** zugegeben und nicht gemessen (z. B. bei Nadelholz für Sägeverschnitt 1 % der Länge, mindestens 6 cm und höchstens 15 cm).
- **Länge** wird ab Mitte des Fallkerbdaches oder Spranzes gemessen.
- Bei **schrägen Einschnitten** wird die kürzeste verwertbare Länge gemessen.

10.2.3 Stärkemessung

Für die Stärkemessung des Holzes dient die **Messzange (Kluppe).** Vor jeder Abmaß ist zu prüfen, ob die Messzange folgenden Anforderungen gerecht wird:

- **Prüfstempfel des Eichamtes** darf nicht älter als 2 Jahre sein.
- Die **Schenkel** müssen in jeder Lage parallel zueinander sein und die gleiche Seriennummer aufweisen.
- Die **Messschiene** muss gerade sein und an ihrem Ende einen Nietkopf haben.
- Der **Nullpunkt** muss mit dem festen Schenkel übereinstimmen.
- Die **Zentimetereinteilung** muss gut lesbar sein.
- Der **bewegliche Schenkel** muss gut gleiten, darf aber nicht locker sein.

Bei der Messung der Holzstärke (d) ist folgendes zu beachten:

- **Messung des Durchmessers** in der Längenmitte ohne Übermaß.
- **Messung des Durchmessers erfolgt ohne Rinde.** Bei Holz in Rinde ist die Rinde an der Messstelle zu entfernen oder ein Abschlag zu vereinbaren.
- **Bis 19 cm Durchmesser** wird einmal so gemessen, wie der Stamm liegt.
- **Von 20 cm Durchmesser aufwärts** ist das Mittel aus 2 Messungen zu nehmen, die zueinander senkrecht stehen. Möglichst den größten und kleinsten Durchmesser messen.
- Die Messung wird immer auf ganze Zentimeter **abgerundet** und ist so auszurufen.
- Die **Kluppe** soll bei der Messung mit beiden Schenkeln und der Messschiene am Holz anliegen.
- **Fällt die Messstelle** auf einen Astquirl oder eine sonstige Unregelmäßigkeit, so erfolgt die Errechnung des Durchmessers aus dem Mittel je zweier Messungen gleich weit oberhalb und unterhalb der Längenmitte.
- **Bei unregelmäßigen oder sehr abholzigen Hölzern** kann der Durchmesser in Teilstücken (sektionsweise) gemessen werden.

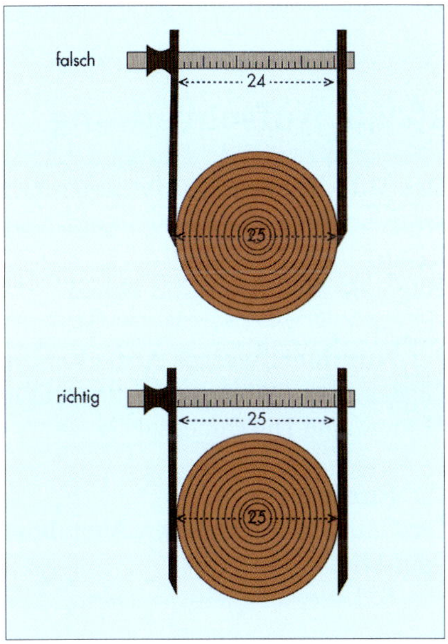

Messung** mit der **Holzmesszange

Nach der Messung ist jedes Stück zu **kennzeichnen**. Dazu eignet sich am besten ein Reißer, mit dem man eine „Feder“ ziehen kann, die weithin sichtbar ist. In manchen Fällen wird das Holz mit Farbe markiert, auch **numeriert**, oder es werden **Stärke und Länge auf die Stirnseite geschrieben.**

Jedes gemessene Stück ist deutlich zu kennzeichnen.

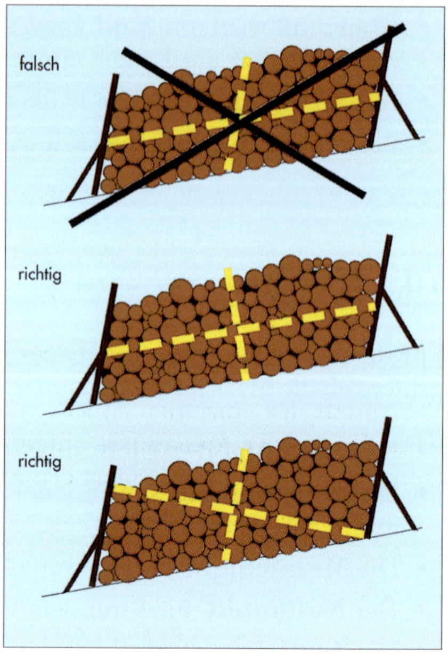

Messung** von **Schichtholz

10.2.4 Messung von Schichtholz

Schichtholz wird nach Länge, Höhe und Breite des aufgeschichteten Holzstoßes gemessen.

Länge (l) und Höhe (h) eines Schichtholzzaunes müssen **senkrecht** aufeinander gemessen werden. Die Breite (b) des Zaines entspricht der Scheiterlänge (meist 1 m).

Beim Aufstellen von Schichtholz sind größere Zwischenräume zu vermeiden. Es ist ein Übermaß von 5 % der Höhe zu geben, d. h. ein 1 m hoher Stoß muss tatsächlich 105 cm hoch sein. Bei Kreuzstößen sind 15 % Maßabzug zu berücksichtigen.

10.2.5 Aufschreibung

Das Mitschreiben der Holzabmaß kann auf verschiedene Weise erfolgen. Welche Art der Aufschreibung gewählt wird, hängt von der Holzmenge ab, aber auch von der Übung der Beteiligten.
Folgende Methoden sind üblich:

- ❑ **Nummernweises Aufschreiben**
Jedes Stück wird numeriert und einzeln in einer Liste eingetragen (Holzart, Güteklasse, Länge und Durchmesser).

- ❑ **Punktieren**
Auf einer vorgegebenen Abmaßliste wird jedes Stück nach seinen Eigenschaften „eingepunktet“
(z. B. 1 = •, 2 = ⁚, 4= ⁚⁚, 5 = |⁚, 7 = ⊓, 9 = ⊠, 10 = ⊠).

- ❑ **EDV-unterstützte Aufschreibung**
Diese Methode ist teilweise in Großbetrieben anzutreffen.

Bei der Abmaß soll der Holzmesser laut und deutlich Holzart, Güteklasse, Länge und Durchmesser ausrufen. Diese Daten und die laufende Nummer bzw. beim Punktieren die Stückzahl beim jeweiligen Durchmesser sind vom Käufer zu wiederholen. Dann erst soll der Verkäufer die Angabe wiederholen und damit **als letzter** das Messergebnis bestätigen. Wenn dieser Vorgang konsequent eingehalten wird, können Irrtümer sofort geklärt werden.

10.2.6 Massenberechnung

Die Berechnung der Erntemasse des geschlägerten Holzes kann auf verschiedene Weise erfolgen.

❑ Massenberechnung einzelner Holzstücke

Die Masse lässt sich nach der Walzenformel $v_{(fm)} = r^2_{(m)} \times \pi \times l_{(m)}$ bzw. $v_{(fm)} = (d^2_{(m)} : 4) \times \pi \times l_{(m)}$ berechnen.

❑ Massenberechnung bei nummernweiser Aufschreibung

Der Inhalt der einzelnen Stücke wird einer Rundholztabelle entnommen und in die zutreffende Spalte der Abmaßliste eingetragen. Dadurch kann man den Festmetergehalt für jede Güte- und Stärkeklasse sofort ermitteln.

❑ Massenberechnung bei Punktierung

Die Berechnung erfolgt in der Abmaßliste für sämtliche Stücke einer Durchmesserstufe, wobei die Massenangabe ebenfalls aus einer Rundholztabelle zu entnehmen ist.

❑ Massenberechnung bei Schichtholz

Der Rauminhalt wird nach folgender Formel berechnet:
$V_{(rm)} = l_{(m)} \times h_{(m)} \times b_{(m)}$

Beispiel einer Rundholz-Tabelle

Die Tabelle enthält die Holzmassen in Festmetern (fm) für einzelne Rundhölzer von 3 bis 6 m Länge und von 6 bis 100 cm Mittendurchmesser ohne Rinde. Die Holzmasse eines Rundholzes findet man in der waagrechten Zeile des betreffenden Durchmessers, senkrecht unter der betreffenden Länge. Z. B. ein Bloch von 4 m Länge und 28 cm Mittenstärke hat 0,246 fm. Längere Stücke werden zusammengesetzt. Z. B. ein Mast von 9 m Länge und 21 cm Mittenstärke wird aus einem 6 m und einem 3 m langen Stück zusammengesetzt (0,208 und 0,104 sind gleich 0,312 fm) oder aus einem 5 m und einem 4 m langen Stück (0,173 und 0,139–0,312 fm). *(Tabelle siehe nächste Seite)*

10.2.7 Gewichtsberechnung

Bei Langschleifholz ist die Gewichtsberechnung üblich. Hierzu wird im Verarbeitungsbetrieb das absolute Trockengewicht (atro) der Holzladung ermittelt. Zwischen der Forstwirtschaft und der Industrie wurden z. B. folgende Umrechnungszahlen festgelegt:

- 1 fm Fi/Ta in Rinde = 475 kg atro
- 1 fm Fi/Ta ohne Rinde = 427 kg atro
- 1 fm RBu in Rinde = 650 kg atro

Beispiel einer Rundholz-Tabelle

D	Länge in Metern						
cm	3	3,5	4	4,5	5	5,5	6
6	0,008	0,010	0,011	0,013	0,014	0,016	0,017
7	0,012	0,014	0,015	0,017	0,019	0,021	0,025
8	0,015	0,018	0,020	0,023	0,025	0,028	0,030
9	0,019	0,022	0,025	0,029	0,032	0,035	0,038
10	0,024	0,028	0,031	0,035	0,039	0,043	0,047
11	0,029	0,033	0,038	0,043	0,048	0,052	0,057
12	0,034	0,040	0,045	0,051	0,057	0,072	0,068
13	0,040	0,047	0,053	0,060	0,066	0,073	0,080
14	0,046	0,054	0,062	0,069	0,077	0,085	0,092
15	0,053	0,062	0,071	0,080	0,088	0,097	0,106
16	0,060	0,070	0,080	0,091	0,101	0,111	0,121
17	0,068	0,079	0,091	0,102	0,113	0,125	0,136
18	0,076	0,089	0,102	0,115	0,127	0,140	0,153
19	0,085	0,099	0,113	0,128	0,142	0,156	0,170
20	0,094	0,110	0,126	0,141	0,157	0,173	0,188
21	0,104	0,121	0,139	0,156	0,173	0,191	0,208
22	0,114	0,133	0,152	0,171	0,190	0,209	0,228
23	0,125	0,145	0,166	0,187	0,208	0,229	0,249
24	0,136	0,158	0,181	0,204	0,226	0,249	0,271
25	0 147	0,172	0,196	0,221	0,245	0,270	0,295
26	0,159	0,186	0,212	0,239	0,265	0,292	0,319
27	0,172	0,200	0,229	0,258	0,286	0,315	0,344
28	0,185	0,216	0,246	0,277	0,308	0,339	0,369
29	0,198	0,231	0,264	0,297	0,330	0,363	0,396
30	0,212	0,247	0,283	0,318	0,353	0,389	0,424
31	0,226	0,264	0,302	0,340	0,377	0,415	0,453
32	0,241	0,282	0,322	0,362	0,402	0,442	0,483
33	0,257	0,299	0,342	0,385	0,428	0,470	0,513
34	0,272	0,318	0,363	0,409	0,454	0,499	0,545
35	0,289	0,337	0,385	0,433	0,481	0,529	0,577
36	0,305	0,356	0,407	0,458	0,509	0,560	0,611
37	0,323	0,376	0,430	0,484	0,538	0,591	0,645
38	0,340	0.397	0,454	0,510	0,567	0,624	0,680
39	0,358	0,418	0,478	0,538	0,597	0,657	0,717
40	0,377	0,440	0,505	0,566	0,628	0,691	0,754
41	0,396	0,462	0,528	0,594	0,660	0,726	0,792
42	0,416	0,485	0,554	0,623	0,693	0,762	0,831
43	0,436	0,508	0,581	0,654	0,726	0,799	0,871
44	0,456	0,537	0,608	0,684	0,760	0,836	0,912
45	0,477	0,557	0,636	0,716	0,795	0,875	0,954
46	0,499	0,582	0,665	0,745	0,831	0,914	0,997
47	0,520	0,607	0,694	0,781	0,867	0,954	1,047
48	0,543	0,633	0,724	0,814	0,905	0,996	1,092
49	0,566	0,660	0,754	0,849	0,943	1,037	1,131
50	0,589	0,687	0,785	0,884	0,982	1,080	1,178
51	0,613	0,715	0,817	0,919	1,021	1,123	1,226
52	0 657	0,743	0,849	0,955	1,062	1,168	1,274
53	0,662	0,774	0,882	0,993	1,103	1,214	1,324
54	0,687	0,802	0,916	1,031	1,145	1,260	1,374
55	0,731	0,832	0,950	1,069	1,188	1,307	1,425
56	0,739	0,862	0 985	1,108	1,232	1,355	1,478
57	0,766	0,894	1,021	1,149	1,276	1,404	1,531
58	0,793	0,925	1,057	1,189	1,321	1,453	1,585
59	0,820	0,957	1,094	1,231	1,367	1,504	1,640
60	0,848	0,990	1,131	1,273	1,414	1,555	1,696
61	0,877	1,023	1,169	1,315	1,461	1,607	1,753
62	0,906	1,057	1,208	1,359	1,510	1,661	1,811
63	0,935	1,091	1,247	1,403	1,569	1,715	1,870
64	0,965	1,126	1,287	1,448	1,608	1,769	1,930
65	0,995	1,161	1,327	1,493	1,659	1,825	1,991
66	1,026	1,197	1,368	1,539	1,711	1,882	2,053
67	1,058	1,234	1,410	1,587	1,763	1,939	2,115
68	1,090	1,272	1,453	1,635	1,816	1,998	2,179
69	1,122	1,309	1,496	1,683	1,870	2,057	2,244
70	1,155	1,347	1,539	1,732	1,924	2,117	2,309
71	1,188	1,386	1,584	1,782	1,980	2,178	2,376
72	1,221	1,425	1,629	1,833	2,036	2,240	2,443
73	1,256	1,465	1,674	1,884	2,093	2,302	2,511
74	1,290	1,505	1,720	1,935	2,150	2,365	2,581
75	1,325	1,546	1,767	1,988	2,209	2,430	2,651
76	1,361	1,588	1,815	2,042	2,268	2,495	2,722
77	1,397	1,630	1,863	2,076	2,328	2~561	2,794
78	1,434	1,673	1,911	2,150	2,389	2,628	2,867
79	1,471	1,716	1,961	2,206	2,451	2,696	2,941
80	1,500	1,760	2,011	2,262	2,513	2,765	3,016
81	1,546	1,804	2,061	2,319	2,576	2,834	3,091
82	1,584	1,848	2,112	2,377	2,664	2,905	3,169
83	1,623	1,894	2,164	2,435	2,705	2,976	3,246
84	1,663	1,940	2,217	2,494	2,771	3,048	3,325
85	1,702	1,986	2,270	2,554	2,837	3,121	3,404
86	1,745	2,034	2,324	2,614	2,904	3,195	3,486
87	1,783	2,081	2,378	2,675	2,972	3,269	3,566
88	1,825	2,129	2,433	2,737	3,041	3,345	3,649
89	1,866	2,177	2 ,488	2,800	3,111	3,422	3,733
90	1,909	2,227	2,545	2,863	3,181	3,499	3,817
91	1,950	2,275	2,600	2,925	3,250	3,575	3,900
92	1,995	2,328	2,660	2,993	3,325	3,658	3,990
93	2,037	2,377	2,716	3,056	3,395	3,735	4,074
94	2,084	2,429	2,776	3,123	3,470	3,817	4,164
95	2,127	2,482	2,836	3,191	3,545	3,900	4,254
96	2,172	2,534	2,896	3,258	3,620	3,982	4,344
97	2,217	2,587	2,956	3,326	3,695	4,065	4,434
98	2,262	2,639	3,016	3,393	3,770	4,147	4,542
99	2,310	2,695	3,080	3,465	3,850	4,235	4,620
100	2,355	2,748	3,140	3,533	3,925	4,318	4,710

10.3 HOLZVERKAUF

Die Mühe von Waldbesitzergenerationen findet erst durch den Holzverkauf ihren Lohn. Der früher verbreitete **Überhappsverkauf** war ein sträflicher Leichtsinn und ließ eine geringe Wertschätzung des Waldbesitzers gegenüber seinem Wald erkennen. Heute ist diese Verkaufsart außer bei Brennholz gesetzlich verboten.

Holz sollte nur schriftlich (Schlussbrief) mit marktgerechten Preisen, die der sortierten Ware entsprechen, verkauft werden.

Große, gute sortierte Holzmengen sind immer preislich besser zu verkaufen als kleine, schlecht sortierte Partien. Ebenso bringt der Holzverkauf frei Waggon oder Fabrikslagerplatz bessere Preisangebote als der Verkauf frei Waldstraße.

10.3.1 Verkaufsarten

Holz kann am Stock, ab Schlagort oder ab Lkw-befahrbarer Straße verkauft werden. Hierbei können sowohl Durchschnittspreise als auch getrennte Preise nach Sortiment vereinbart werden. Da der bäuerliche Waldbesitzer in der Regel den Sortimentsanfall nicht genau abschätzen kann, ist für ihn der Abschluss nach Sortimentspreisen im Allgemeinen günstiger.

Bei Verkauf des Holzes am Stock ist der Abschluss zu Sortimentspreisen vorzuziehen.

Bei Stockverkäufen wird das Holz im Schlag dem Käufer übergeben. Ein Verkauf frei Straße (Waldlager) ist für den Verkäufer wegen der Bringungsverluste ungünstiger. Die **Werbungskosten** (Schlägerungs-, Lieferungs- und Lagerungskosten) sowie die dazugehörenden Soziallasten trägt beim Stockverkauf der Käufer.
Die Höhe der Werbungskosten ist örtlich verschieden. Als Anhalt können Richtwerttafeln dienen.
Der Verkauf von fertigen Sortimenten setzt voraus, dass der Waldbesitzer alle Erntearbeiten selbst durchführt oder durchführen lässt.

Der Verkauf fertiger Sortimente setzt gute Fachkenntnisse voraus und erfordert bei Arbeitsvergabe genügend Geld, um die Löhne zu zahlen. Diese Verkaufsart ermöglicht meist einen Unternehmergewinn und bringt bei Eigenarbeit einen hohen Arbeitsverdienst.

Wenn möglich, sollten die einzelnen Sortimente gleich direkt an die Verbraucher verkauft werden, die Bloche an ein Sägewerk, das Schleifholz an eine Papierfabrik usw.

10.3.2 Verkaufsusancen

Holzgeschäfte werden meist unter Berufung auf die von der Wiener Börsenkammer herausgegebenen **Österreichischen Holzhandelsusancen** abgeschlossen, die dann verbindlich sind. Folgendes ist dabei u. a. festgelegt:

❑ Verbindlichkeit

Das Angebot ist für den Anbotsteller für die Dauer von 10 Tagen, einschließlich Postlauf, verbindlich. Sie verkürzt sich auf 6 Tage bei elektronischer Datenübermittlung oder Telefax. Bei mündlichen Geschäftsabschlüssen kann jeder Vertragsteil noch 8 Tage nach dem Abschluss fordern, dass der Vertrag schriftlich festgelegt wird.

❑ Menge

Die Holzmenge ist beim Verkauf oft nicht genau bekannt. Man verwendet deshalb unbestimmte Ausdrücke oder gibt Grenzen an.
Zirka, rund, beiläufig heißt, dass die Menge 10 % nach oben und unten abweichen kann.
Von/bis heißt, dass der Verkäufer nur die Mindestmenge liefern muss, der Käufer jedoch auch die Höchstmenge nehmen muss.
Die Bezeichnung **„Waggon“** bedeutet das für die jeweilige Waggontype zulässige Ladegewicht.
Die Bezeichnung **„LKW“** bedeutet das für einen Fernlastzug auf den jeweiligen nationalen Transportstraßen zulässige Ladegewicht.

❑ Verkaufsort

„Ab“, „franko“, „frei“, „loco“ sind Ausdrücke für den Erfüllungsort des Vertrages.
Frei Waldstraße (LKW-Straße) heißt, dass der Verkäufer das Holz auf seine Kosten bis zu einer von LKWs befahrbaren Straße bringen muss. Das Holz muss nach Käufer getrennt, verladebereit gesammelt und in der Regel maximal an drei Verladestellen/LKW bereitgestellt sein.

❑ Lieferungs- und Zahlungstermine

Anfang des Monats	=	1. bis 8. Tag
1. Hälfte des Monats	=	1. bis einschließlich 15. Tag
2. Hälfte des Monats	=	16. bis letzter Tag des Monats
Mitte des Monats	=	13. bis einschließlich 20. Tag
Ende des Monats	=	die letzten 8 Tage
„Pro Frühjahr“	=	15. März bis 15. Mai
„Pro Herbst“	=	Im Laufe des Septembers oder Oktobers
„Prompt“	=	Es muss sofort ohne jede Verzögerung geliefert werden
„Sukzessive“	=	Die Ware muss nach und nach möglichst gleichmäßig geliefert werden
„Auf Abruf“	=	Der Käufer kann die Ware zu einem beliebigen Termin verlangen

❑ Zahlungsarten

„Zahlung bei Übergabe“	=	Sofortige Zahlung bei Übergabe des Holzes und der Rechnung
„Prompte Zahlung“	=	Zahlung innerhalb von 3 Werktagen nach durchgeführter Übergabe.

„Zahlung gegen Aufgabeschein“ eines öffentlichen Transportunternehmens oder **„Zahlung gegen Duplikatfrachtbrief“** erfolgt, sobald diese Dokumente dem Käufer mittels Einschreibebrief vorgelegt werden.
Die Zahlung muss an den Verkäufer oder an die von ihm bezeichnete Stelle immer kosten- und portofrei erfolgen. Ist über den Zahlungstermin nichts vereinbart worden, so gilt nach den Wiener Gebräuchen „prompte Zahlung“ nach Übergabe.

❑ Schadloshaltung des Verkäufers

Ist der Käufer mit der Zahlung des Kaufpreises im Rückstand und die Ware noch nicht ausgeliefert, so hat der Verkäufer, nachdem er eine angemessene **Nachfrist** gestellt hat, das **Recht,** wahlweise

- vom Vertrag abzugehen, als ob derselbe nicht geschlossen worden wäre. Dies muss er dem anderen Teil durch Einschreibebrief mitteilen;
- die Einhaltung des Vertages und Schadenersatz wegen verspäteter Erfüllung zu verlangen;
- anstatt der Erfüllung des Vertrages die Ware auf Rechnung des Käufers zu verkaufen und den Kaufpreis bis zur Höhe seiner Schadenersatzforderung zu behalten, gegebenenfalls einen weiteren Schadenersatz zu fordern. Man nennt das „Selbsthilfeverkauf".

Ist der Käufer im Zahlungsrückstand, die Ware aber bereits ausgeliefert, so bleibt dem Verkäufer nur die Klage auf Zahlung des „Kaufschillings" samt den Verzugszinsen. Man trachtet aber, solange wie möglich im Guten zum Ziel zu gelangen.

❑ Schadloshaltung des Käufers

Auch dem Käufer steht das Recht einer Schadloshaltung zu, falls der Verkäufer mit der Übergabe der Ware im Rückstand bleibt. Er hat spätestens am 7. auf den Vertragsbruch folgenden Tag eingeschrieben „Protest" zu erheben. Nach Verstreichen einer angemessenen **Nachfrist** von meist 8 bis 14 Tagen kann er wahlweise

- vom Vertrag abgehen, als ob derselbe nicht geschlossen worden wäre;
- die Erfüllung des Vertrages und Schadenersatz wegen verspäteter Erfüllung fordern;
- anstatt der Erfüllung Schadenersatz fordern oder auf eigene Rechnung und Gefahr die Ware anderweitig anschaffen und vom säumigen Verkäufer die Differenz zwischen dem vereinbarten Preis und dem Kaufpreis des „Deckungskaufs" fordern.

Ein Holzgeschäft soll durch eine Bankgarantie des Käufers abgesichert werden. Andere Möglichkeiten der Absicherung sind Akontozahlungen, prompte Zahlung nach Übergabe und ein weniger empfehlenswerter Wechsel.

10.3.3 Holzpreise

Der Holzpreis bildet sich aufgrund von Angebot und Nachfrage.

Es gibt beim Holz keine „gesetzlichen Preise" und keine „Fixpreise". Lediglich beim Schleifholz bestehen zum Teil länderweise Vereinbarungen zwischen den Vertretern der Waldbesitzer und der Industrie über Mindest- und Höchstpreise (Preisband).

Vor jedem Holzverkauf sollte man sich über die erzielbaren Preise informieren.

Holzpreise werden in Fachzeitungen (z. B. Kammerzeitschrift) und Marktberichten veröffentlicht. Dabei handelt es sich um Durchschnittspreise, die örtlich über- oder unterschritten werden. Die Preise beziehen sich auf „ab Lkw-befahrbarer Abfuhrstraße".

Schlussbrief für Rohholz

Nr.:.................

Der/die VERKÄUFER od. sein/ihr Beauftragter: Name und Anschrift (mit Tel/Fax)	**KÄUFER oder sein Beauftragter: Name und Anschrift (mit Tel/Fax)**

Menge	Holzart	Sortiment / Güteklasse	Stärke-klasse	Länge (m)	Übermaß (cm)	Preis in ❒ ATS ❒ EUR je ❒ FMO ❒ ....

Die Preise verstehen sich **ohne Umsatzsteuer** und frei Erfüllungsort. Die Vertragsparteien kommen überein, den im Bundesland des/der Verkäufer/-s vereinbarten Holzwerbebeitrag von ❒ EURO/fm einzubehalten und abzuführen.

Umsatzsteuer	❒ 10%. Der/die Verkäufer ist/sind nicht Ust.- pauschaliert. ❒ 12%. Der/die Verkäufer ist/sind Ust.- pauschaliert.			
Erfüllungsort	❒ am Stock ❒ ab Schlagort ❒ ab LKW-fahrbare Straße ❒ ab Lagerplatz ❒ ab Bahnablage ❒ waggonverladen ❒ frei Werk			
	Nähere Bezeichnung:			
Bereitstellung / Lieferzeit	von (Tag / Monat / Jahr)	bis (Tag / Monat / Jahr)		
Abtransport / Übergabe	Der Käufer verpflichtet sich, das bereitgestellte Holz nach Bereitstellungsmeldung abzutransportieren.	innerhalb von Werktagen	längstens bis zum	
	Straßenbenützungsgebühren sind zu tragen durch den: ❒ Käufer ❒ Verkäufer			
Vermessung / Übernahme	❒ Handabmaß durch (Name) spätestens Werktage nach formloser Meldung der Holzbereitstellung durch den/die Verkäufer.			
	❒ im Werk mit geeichter elektronischer Anlage.			
Besondere Bedingungen bei **Holz mit Rinde**	❒ vereinbarte Maßabzug (in cm oder %): ❒ zu verwendende Rindenabzugstabelle:			
Zertifizierung	Holz stammt aus ❒ PEFC - zertifiziertem ❒ anders - zertifiziertem: ❒ nicht zertifiziertem Wald.			
Zahlung	❒ prompt, Skonto %	❒ innerhalb Tagen nach Lieferung	❒ nach Rechnungslegung	❒ am Ende des Liefermonats
		❒ Vorauszahlung in der Höhe von ❒ Euro bis spätestens		
	Bei Zahlungsverzug werden Verzugszinsen verrechnet: %			
	❒ unwiderrufliche Bankgarantie in Höhe von ❒ EURO mit einer Laufzeit bis			
Bank	BLZ: Konto Nr.:	lautend auf:		
Sonstige Bedingungen				

Die auf der Rückseite dieses Formulars festgehaltenen „Allgemeinen Vereinbarungen" sind Bestandteil dieses Vertrags. Weiters gelten die Österreichischen Holzhandelsusancen in der aktuellen Fassung und das österreichische Recht.
In sämtlichen Streitigkeiten, die aus diesem Vertrag oder aus den in Hinkunft zwischen den Parteien geschlossenen Geschäften entstehen, unterwerfen sich beide Vertragsteile mit Ausschluss des ordentlichen Rechtswegs der Schiedsgerichtsordnung und dem Schiedsgericht der Wiener Warenbörse. Ist die Zuständigkeit des Schiedsgerichts der Wiener Warenbörse nicht gegeben unterwerfen sich beide Vertragsteile dem zuständigen ordentlichen Gericht.

Ort / Datum: ...., am ....

.... Unterschrift des Verkäufers oder seines Beauftragten

.... Unterschrift des Käufers firmenmäßige Fertigung

Musterschlussbrief für Rohholz vom 18.05.2000, vereinbart zwischen dem Fachverband der Sägeindustrie Österreichs und dem Bundeswaldbauernverband. 1 Original, 2 Durchschläge

10.3.4 Geschäftsabschluss

Bei einem Holzverkauf ist es zweckmäßig, das Holz zunächst schriftlich mehreren Interessenten anzubieten. Dieses **erste Anbot** muss „freibleibend" oder „unverbindlich" sein, damit man freie Hand bei der Auswahl des Käufers hat.

Vor dem Verkauf von Holz sollte man dieses mehreren Interessenten **unverbindlich anbieten.**

Der Geschäftsabschluss erfolgt am besten mit einem **Schlussbrief**. Im Gegensatz zu einem schriftlichen Kaufvertrag ist er nicht gebührenpflichtig.
Schlussbriefformulare sind im Papierfachhandel erhältlich. Vielfach erfolgt die Ausfüllung des Anbotes gemeinsam mit dem Käufer.

Zertifizierung von Holz

Grundlegendes Prinzip der PEFC Holzzertifizierung in Österreich ist es, den hohen Standard der Waldbewirtschaftung in Österreich aufrecht zu erhalten, zu dokumentieren und festgestellte Verbesserungspontentiale in Regionen aufzuzeigen. Die Teilnehmer an einer PEFC Zertifizierung tragen nach ihren betrieblichen Möglichkeiten dazu bei, folgende Ziele umzusetzen.

- Erhaltung und angemessene Verbesserung der Waldressourcen und ihr Beitrag zu globalen Kohlenstoffkreisläufen.
- Erhaltung und Gesundheit sowie Vitalität von Waldökosystemen
- Erhaltung und Förderung der Produktionsfunktion der Wälder
- Erhaltung, Schutz und angemessene Verbesserung der biologischen Vielfalt von Ökosystemen
- Erhaltung und angemessene Verbesserung der Schutzfunktion in der Waldbewirtschaftung (Boden und Wasser)
- Erhaltung sozioökonomischer Funktionen und Bedingungen

*Dieses **Zertifikat** gewährleistet, dass der Rohstoff Holz **aus nachhaltiger Bewirtschaftung** stammt.*

11. SCHUTZ DES WALDES

Der Wald ist von seiner Begründung bis zur Ernte von zahlreichen Gefahren bedroht. Seit der Mensch in die Lebensgemeinschaft Wald stark eingreift, hat diese Gefährdung zugenommen. Um Schäden möglichst einschränken zu können, muss der Waldbauer nicht nur die Ursachen und Erscheinungen der Forstschäden kennen, sondern auch über Vorbeugungs- und Bekämpfungsmaßnahmen Bescheid wissen.

11.1 WITTERUNGSSCHÄDEN

Forstschäden durch Wetterunbilden können beträchtlich sein. Geeignete Schutzmaßnahmen sind daher sehr wichtig.

11.1.1 Wind und Sturm

Winde schädigen durch Austrocknen des Bodens und der Pflanzen. Stürme verursachen vorwiegend Wurf- und Bruchschäden. Besonders gefährdet sind die höheren Altersklassen von Nadelbaumreinbeständen. Die Auswirkungen sind mannigfaltig: Zerstörung des Waldgefüges, Vergrasung des Bodens, Veränderung des Mikroklimas, Wertminderung, Zuwachseinbuße. Im Durchschnitt der letzten 10 Jahre ist jährlich ein Viertel des Holzeinschlages als Schadholz infolge von Sturm und Schnee angefallen.

Windwurf *und Windbruch – eine große Gefahr wegen Verbreitung von Forstschädlingen*

Schutzmaßnahmen:

- **Guter Bestandesschluss** und **dichter Waldrand** (Traufschutz erhalten)
- **Mischung mit sturmfesten Baumarten**
- **Frühzeitige, regelmäßige Durchforstung**
- **Standortgerechte Baumarten**
- **Schlägerung gegen die Hauptwindrichtung**
- **Vermeidung großer Kahlflächen**

11.1.2 Hitze

Bei Temperaturen von mehr als 45 °C kommt es in der Regel zu Hitzeschäden. Das Absterben von Jungpflanzen durch Überhitzung der Bodenoberfläche ist häufig.

An älteren, glattrindigen Stämmen an südlichen und westlichen Bestandesrändern tritt vor allem nach plötzlichem Freistellen der Rindenbrand (Sonnenbrand) auf. Die Rinde stirbt am Schaft ab, reißt auf und fällt später stückweise ab. Die nackte Holzstelle wird trockenfaul. Besonders gefährdet sind Strobe, Fichte, Rotbuche, Hainbuche, Esche, Ahorn und Linde.

Schutzmaßnahmen:

- **Gefährdete Bestandesränder weder freistellen** noch aufasten
- **Wertvolle Stämme mit Lehmbrei oder Kalkmilch anstreichen** oder den Schaft mit Reisig umbinden
- **Schattenspendende Bodendecke erhalten**
- **Verjüngung unter Schirm**

11.1.3 Frost

Frost entsteht entweder durch kalte Luftströmungen oder durch Ausstrahlung. Er schädigt die Forstpflanzen u. a. durch Abtöten noch nichtverholzter Triebe (Frühfrost = Herbstfrost), junger Knospen, Triebe, Blätter und Blüten (Spätfrost = Frühjahrsfrost) und Auffrieren des Bodens, wodurch die Wurzeln ihren Halt verlieren und vertrocknen (Barfrost = Winterfrost). Frostschäden treten vorwiegend an Ost- und Südhängen, auf Hochebenen, in Niederungen und in „Frostlöchern“ auf.

Frostriss** und **Frostkern

Schutzmaßnahmen:

- **In frostgefährdeten Lagen unter dem Schutz des alten Bestandes verjüngen.** Ist dies nicht möglich, soll die Kultur zum Beispiel mit starken, frostharten Pflanzen begründet werden
- **Hohen Graswuchs unbedingt bekämpfen**
- **Für den Abfluss gestauter Kaltluft durch Auflockern der Bestände oder talwärtigen Aufhieb Sorge tragen**
- **Fichtenwaldmäntel an gefährdeten Bestandeswaldrändern begründen und erhalten**
- **Bei der Gefahr von Barfrösten den Boden entwässern und die natürliche Bodendecke belassen**
- **Überhöhte Stickstoffversorgung vermeiden**
- **Auf feuchten Böden Herbstpflanzungen unterlassen**

11.1.4 Schnee

Der Schnee kann durch Schneedruck oder Schneebruch dem Wald Schaden zufügen. Schneebruch ist genauso wie Windwurf oder Windbruch wegen der drohenden Insektenmassenvermehrung möglichst bald aufzuarbeiten; das Holz ist abzufahren.

Schutzmaßnahmen:

- **Anbau standortgerechter, schneefester Baumarten**
- **Weite Pflanzenverbände**
- **Kulturen vor Wintereinbruch von Gras befreien**
- **Ständige Jungwuchspflege**
- **Starkes Verdünnen von Naturverjüngungen**
- **Begründung von Mischbeständen**
- **Regelmäßige Durchforstung**
- **Aufbau eines stufigen Bestandes**

Schneedruck, *oft eine Folge der fehlenden oder rechtzeitigen Durchforstung*

11.1.5 Niederschlag

Zu den Schäden, die durch Niederschlag verursacht werden, gehören Raureif, Eisanhang und Hagel.
Es sind ähnliche Schutzmaßnahmen anzuwenden wie beim Schnee. In stark hagelgefährdeten Gebieten sollte die Verjüngung im Schutz des Altbestandes vorgenommen werden.

11.2 PILZSCHÄDEN

Pilze sind die gefährlichsten Feinde des Holzes. Sie greifen sowohl den lebenden Baum als auch das Holz in freiem und verbautem Zustand an und zerstören es.
Der Pilzbefall führt nicht selten den Tod der Waldbäume herbei.
Unter anderem sollte neben Krebs, Schütte, Mehltau und Schorf der Bekämpfung folgender Pilzschäden am lebenden Holz besondere Beachtung geschenkt werden.

11.2.1 Rotfäule (Wurzelschwamm)

Der Wurzelschwamm verursacht die vor allem bei der Fichte und Kiefer auftretende Rotfäule. Der Pilz tritt besonders auf ehemals landwirtschaftlich genutzten Flächen und auf kalkhaltigen Böden auf. Die Infektion erfolgt über Verletzungen am Wurzelhals und an der Wurzel. Zerstört werden zunächst die Wurzeln. Im Stamm wächst der Pilz bei der Fichte bis ca. 8 m hoch. Die Rotfäule ist durch den Harzausfluss am Erdstammende, durch die flaschenförmigen Verdickungen der Wurzelanläufe und durch den dumpfen, hohlen Klang beim Anklopfen verhältnismäßig leicht erkennbar. Sie beeinträchtigt den Nutzholzwert der befallenen Stämme in starker Weise.

Schutzmaßnahmen:

- **Beschädigung von Bäumen vermeiden**
- **Verletzungen mit Wundverschlussmitteln behandeln**
- **Kranke Stöcke roden und verbrennen bzw. übererden**
- **Bei Neuaufforstungen Mischwaldbegründung**

Rotfäule *bei der Fichte*

11.2.2 Hallimasch (Erdkrebs, Harzsticken)

Das Pilzmyzel des Hallimasch dringt in die Wurzeln ein und breitet sich zwischen Rinde und Holz aus. Der Baum stirbt von der Spitze her ab. Bei jüngeren Nadelbäumen tritt starker Harzfluss ein. Während der Stamm gesund bleibt, werden die Wurzeln und der Stock zerstört. Die gestielten, mit gelbem Hut versehenen Fruchtkörper treten im Herbst auf, bevorzugt auf alten Stöcken.
Der Hallimasch kommt in unseren Wäldern sehr häufig vor und befällt vor allem die Nadelbaumarten Fichte, Lärche und Kiefer, welche auf ehemaligen Laubwald- und landwirtschaftlich genutzten Flächen stocken.

Hallimaschbefall

Schutzmaßnahmen:

- **Befallene junge Pflanzen herausziehen und verbrennen**
- **Vor dem Anbau von Nadelbäumen Laubbaumstöcke roden oder übererden**
- **Widerstandsfähige Baumarten, wie Douglasie und Tanne, oder verschiedene Laubbäume anpflanzen**

11.3 TIERSCHÄDEN

Die weitaus meisten tierischen Forstschädlinge sind Insekten, welche große Werte vernichten. Schuld daran ist die Zerstörung des ökologischen Gleichgewichtes, d. h. die von der Natur vorgegebenen Regeln im Leben des Waldes werden vom Menschen leider nicht immer beachtet.

Gallenbildung** der **Großen Fichtengallenlaus

11.3.1 Große Fichtengallenlaus

Durch das Saugen der Laus entstehen an den austreibenden Maitrieben harte, 2–3 cm große, oft stachelige, grüne großschuppige **Gallen** von ananasartiger Form, in deren Kammern Läuse heranwachsen. Oberhalb der Galle weisen die Triebe **Knickungen** und **Missbildungen** auf. Häufig kümmern sie und sterben sogar ab.

Befinden sich die Gallen am Ende der Triebe, so handelt es sich um die kleine Fichtengallenlaus.

Der von der Fichtengallenlaus verursachte Schaden besteht in der Verhinderung der normalen Triebbildung und in der Wachstumsbeeinträchtigung. Die Laus schädigt nicht nur die Fichte, sondern auch die Lärche.

Schutzmaßnahmen:

- **Mischwaldbegründung**
- **Ausschneiden** oder **Abbrechen der noch grünen Gallen**
- **Vogel-** und **Ameisenschutz**
- **Chemische Schutzmaßnahmen** sind nur bei Christbaumkulturen gerechtfertigt

11.3.2 Kleine Fichtenblattwespe

Sie schadet hauptsächlich auf Standorten, die der Fichte nicht zusagen, durch den **Fraß an Maitrieben.** Befallen werden meist **Kulturen, Dickungen** und **20-** bis **40-jährige Bestände** in sonnseitigen und windgeschützten Lagen. Die Fraßzeit dauert 2–3 Wochen. Durch die oft jahrzehntelang andauernde Übervermehrung kann die Fichtenblattwespe zu einer chronischen Plage im Wald werden. Ihr Fraß deformiert die Kronen stark. Ein geringes Höhenwachstum und die erhöhte Anfälligkeit für andere Schädlinge führen zu empfindlichen Schäden.

11.3.3 Großer Brauner Rüsselkäfer

Er ist einer der bedeutendsten Kulturschädlinge, der hauptsächlich Nadelbaumkulturen auf frischen Schlägen aufsucht. Deshalb wird er auch die **Geißel der Kahlschlagwirtschaft** genannt. Der Reifungsfraß der Käfer – sie befressen nachts die Rinde – kann große Ausfälle, die

Großer Brauner Rüsselkäfer** und sein **Fraßbild

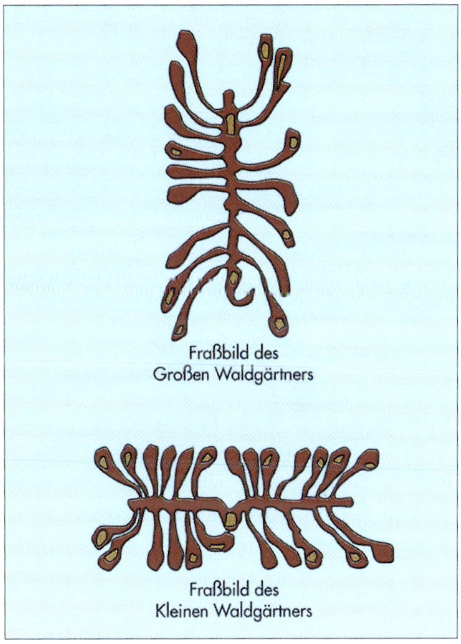

bis zum Totalschaden reichen, verursachen. Das Befressen der Rinde wird als **Plätze-, Scharten-** oder **Pockennarbenfraß** bezeichnet. Die Rinde der Fraßstellen erweitert sich trichterförmig nach außen.

Schutzmaßnahmen:

- **Abkehr von der Kahlschlagwirtschaft**
- **Reichliche Laubbaumbeimischung**
- **Entrinden von Wurzelstöcken**
- **Auslegen von vergifteten Fangrinden (Fl) oder Fangknüppeln (Kl)**
- **Chemische Schutzbehandlung** des oberirdischen Teiles der Pflanzen durch Tauchen (vorbeugende Maßnahme) oder Spritzen (bekämpfende Maßnahme)
- **Schlagruhe** von mindestens fünf Jahren

11.3.4 Großer und Kleiner Waldgärtner

Der Waldgärtner ist eine Borkenkäferart und ein ausgesprochener Kiefernschädling. Er bohrt sich zwischen Rinde und Holz ein. Am Einbohrloch bilden sich gelbe Harztrichter; das Bohrmehl wird ausgeworfen. Später fliegt er in die Baumkronen und höhlt dort die 1- bis 2-jährigen Triebe aus. Die Zweige brechen bei Wind leicht ab („Absprünge"). Nach jahrelangen Fraßschäden sehen die Baumkronen aus, als wären sie von einem Gärtner beschnitten worden. Daher der Name „Waldgärtner".

Schutzmaßnahmen:

- **Vogel- und Ameisenschutz**
- **Fällen kränkelnder Bäume** und **Abfuhr des geschlägerten, nichtentrindeten Kiefernholzes vor Flugbeginn des Käfers**
- **Legen von Fangbäumen** bereits ab Jänner
- **Anbringen von synthetischen Duftstoffpräparaten** (Lockstofffallen)
- **Anwendung chemischer Mittel**

*Durch den **Fichtenborkenkäfer** weitgehend **entwertete Baumstämme***

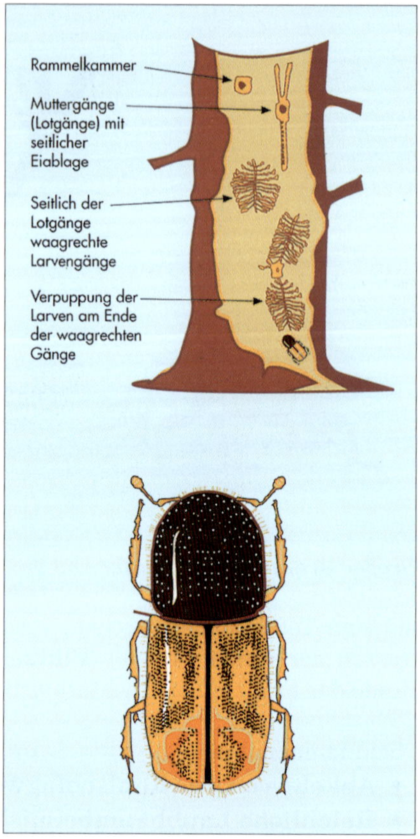

Schadbild** des **Buchdruckers

11.3.5 Buchdrucker (Großer Achtzähniger Fichtenborkenkäfer)

Der Buchdrucker ist der gefährlichste Borkenkäfer im Fichtenwald. Er befällt zunächst kränkelnde und durch Naturereignisse geworfene oder gebrochene Fichten, bei starker Vermehrung auch gesunde. Häufig tritt er gemeinsam mit dem **Kleinen Sechszähnigen Borkenkäfer (Kupferstecher)** auf, der die schwächeren Rindenteile, vor allem aber das Stangenholz heimsucht.
Der Befall ist vorerst an den Einbohrlöchern und dem ausgeworfenen Bohrmehl zu erkennen, dann am **Vergilben der Nadeln** und am **Abblättern der Rinde.** Der Fichtenborkenkäfer neigt von allen Borkenkäfern am ehesten zur Massenvermehrung. Nebenstehende Darstellung zeigt seine verschiedenen **Entwicklungsstadien.**

Schutzmaßnahmen:

- **Mischwälder begründen**
- **Säubern der Bestände von kranken, geworfenen und gebrochenen Bäumen**
- **Schutz der natürlichen Feinde** (Ameisen und Vögel)
- **Holz in Rinde bis zu Beginn der Flugzeit aus dem Wald bringen**
- **Rinde von befallenen Bäumen verbrennen**
- **Werfen von Fangbäumen**
- **Aufstellen von Käferfallen,** die mit biologischen Lockstoffen versehen sind
- **Verwendung von Insektiziden**

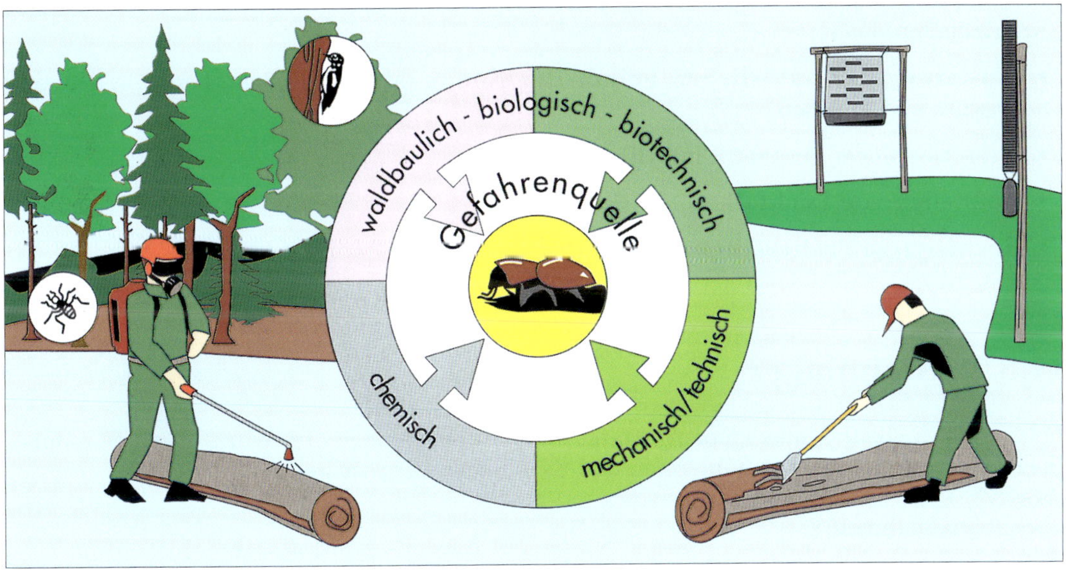

Überwachung *und* ***integrierte Bekämpfung*** *von* ***Borkenkäfern***

11.3.6 Nonne

Durch ihre Neigung zu außergewöhnlichen Massenvermehrungen zählt die Nonne zu den gefährlichsten Katastrophenschädlingen.

Weitaus am stärksten gefährdet ist die **Fichte,** aber auch die **Kiefer.** Von der Nonne kahlgefressene Fichtenwaldungen gehen unrettbar verloren. Beim Auftreten auch nur einiger Nonnenfalter muss eine genaue Beobachtung einsetzen.
Die Nonne legt die Eier größtenteils unter die Rindenschuppen. Die Raupen wandern ab April/Mai zur Krone und beginnen dort ihren **verheerenden Fraß an den Nadeln.** Gleichzeitig werden die jungen Triebe und Knospenanlagen zerstört.

Ameisengitter *zum Schutz eines Ameisenhaufens*

Nistkasten *für die natürlichen Feinde der Forstschädlinge*

Schutzmaßnahmen:

- **Förderung der natürlichen Feinde der Nonne** (Meisen, Finken, Drosseln, Häher, Spechte und Ameisen)
- **Bestäuben** oder Vernebeln mit Berührungsgiften
- **Aufstellen von Lockfallen**
- **Rechtzeitige Probezählung**

11.3.7 Kleinnager

Mäuse und Siebenschläfer können Forstschäden durch Benagen im Wurzel- und Stammbereich sowie durch Fraß von Sämereien und Keimlingen verursachen.

Schutzmaßnahmen:

- **Vermeiden von zu starker Verunkrautung**
- **Beseitigen des Graswuchses um die Pflanze**
- **Schonen von Tag- und Nachtgreifvögeln, Wieseln** und **Füchsen**
- **Aufstellen von mechanischen Fangvorrichtungen**
- **Auslegen von Fraßgiften**

11.3.8 Waldweide

Rund 10 % des österreichischen Waldes werden noch immer beweidet. In manchen Gebieten ist die Waldweide auch heute noch ein schwer zu lösendes Problem. Erkrankungen durch Verdichtungen des Bodens, Verwundungen flachstreichender Wurzeln durch Viehtritt, Schäl- und Verbissschäden sind die Folge. Eine Vermehrung von Schadinsekten tritt ein. Die Trennung von Wald- und Weide – vor allem in den Schutzwaldzonen – sollte konsequent durchgeführt werden. Vor allen Dingen ist Weidevieh von Kulturen durch Abzäunen fernzuhalten.

Schälschaden *im Stangenholz*

11.3.9 Wildschäden

Jedem Waldbauern – ganz gleich, ob er Jäger ist oder nicht – sind die Wunden bekannt, die das Wild dem Wald zufügt. Während die Schäden durch Flugwild unbedeutend sind, ist dies beim Haarwild leider nicht der Fall. So ist z. B. in Österreich nahezu die Hälfte des frei stehenden Jungwuchses verbissen.

Wild und Wald stehen nicht im Gegensatz zueinander, sondern gehören zusammen. Wenn aber Verbiss- und Schälschäden zu einer ernsten Gefährdung des Waldes führen, dann muss der Grundsatz gelten: **Der Wald hat Vorrang vor dem Wild!**

- **Hasen** und **Kaninchen** verbeißen Knospen und Triebe sämtlicher Baumarten. Im Winter wird auch die Baumrinde gefressen.
- **Schwarzwild** (Wildschweine) schadet hauptsächlich auf Saatflächen durch Umbrechen und Verwühlen. Es befrisst Baumwurzeln und zertritt Kulturpflanzen.
- **Rehwild** schadet besonders durch Verbeißen, Fegen sowie Ausreißen von Keimlingen und Pflanzen. Es schält nur ausnahmsweise. Besonders gefährdet durch Verbeißen sind Ahorn, Esche, Eiche, Buche und Tanne.
- **Rotwild** (Hirsche) verursacht die größten Schäden von allen Wildarten. Der Hirsch verbeißt besonders im Winter Knospen und Jungtriebe, fegt von Ende Juli bis August, schlägt während der Brunft im September bis Oktober mit blankem Geweih, zertritt durch die scharfen Schalen junge Pflanzen, äst Waldfrüchte und Keimlinge und schält im Winter und Sommer die Rinde vom Stamm.

Schutzmaßnahmen:

- **Regelung des Wildbestandes**
- **Verbesserung der Lebensbedingungen für das Wild**
- **Einzäunen**
- **Mechanische Einzelschutzmaßnahmen**
- **Chemische Schutzmaßnahmen**

11.4 SCHÄDEN DURCH MENSCHLICHE EINFLÜSSE

Neben den dargestellten Gefahren aus der belebten und unbelebten Natur, die den Wald bedrohen, gibt es zahlreiche andere, die durch die menschlichen Einflüsse hervorgerufen werden.

11.4.1 Schäden durch Luftverschmutzung

Aus den Schornsteinen von Industrieanlagen, aus den Kaminen der Häuser, aus den Auspuffen der Autos usw. gelangen schädliche Stoffe tonnenweise in die Luft. Als Baum-Killer zeichnen sich besonders Schwefeldioxid und Stickoxide, Schwermetalle und Kohlenwasserstoffe sowie das äußerst schädliche Ozon aus. Jeder dieser Schadstoffe für sich allein ist giftig. Wirken sie aber gleichzeitig auf die Bäume ein, vergrößert sich ihre Wirkung beachtlich.
Die Luftverschmutzung wirkt sich auf den gesamten Baum aus. Am auffälligsten sind die Schäden an Nadeln und Blättern. Ihre Spaltöffnungen können sich nicht mehr richtig öffnen und schließen. Dadurch kommt es zu Trockenschäden. Aber auch die Photosynthese funktioniert nicht mehr einwandfrei.

Schließlich kommt es durch die schädlichen Stoffe in der Luft auch zu direkten Schädigungen der Blattoberfläche. Die Nadeln und Blätter verfärben sich und fallen ab. Die Baumkrone verlichtet sich. Aber auch die Wurzeln und der Boden sind beeinträchtigt.

11.4.2 Saurer Regen

Wenn sich die Schadstoffe in der Luft mit Wassertröpfchen verbinden, entstehen Säuren, die in Form des „sauren Regens“ in den Boden eindringen. Dadurch kommt es zum Absterben der für einen gesunden Boden so wichtigen Lebewesen (Bakterien, Pilze, Würmer, Insekten und anderer Tiere) sowie zu Ausschwemmungen wertvoller Bodenelemente und zur Schädigung der Feinwurzeln.

11.4.3 Sonstige Umweltbelastungen

Zu den bereits angeführten Faktoren kommen noch sonstige Umweltbelastungen, wie z. B. durch Nitrate, Streusalze, Grundwasserabsenkungen, Dränagen, Flussbegradigungen, Klimaextreme, Pilz- und Insektenbefall sowie durch überhöhte Wildbestände. Aber auch der Massentourismus und eine falsche Waldbewirtschaftung tragen das Ihre zum Waldniedergang bei.

Die Auswirkungen des Waldsterbens sind für Mensch und Wald katastrophal.
Es kommt zu:

- **Nährstoffverarmung des Bodens**
- **Verminderung des Wasserangebotes** und **Verschlechterung der Wasserqualität**
- **Verarmung der Pflanzenvielfalt**
- **Holzentwertung** und **Zuwachsverlusten** sowie **Preisverfall**

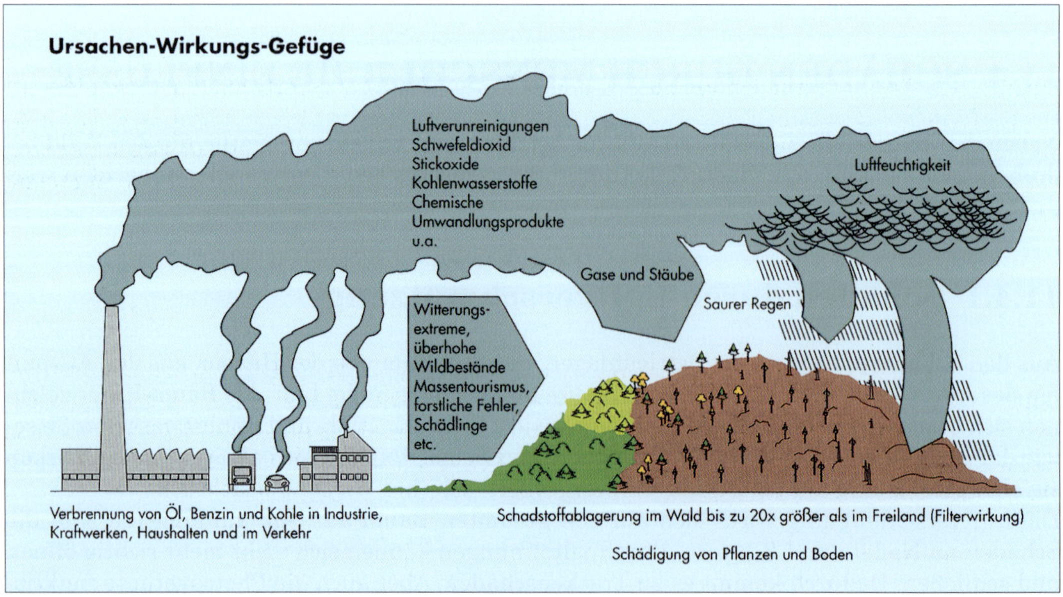

*Ursachen- und Wirkungsgefüge der **Luftverschmutzung***

- **Verlust der forstlichen Nachhaltigkeit**
- **Erhöhter Krankheitsanfälligkeit des Waldes**
- **Verminderung der Schutzfunktionen des Waldes** (Lawinen-, Erosions-, Hochwasserschutz u. ä.)
- **Verminderung der Erholungs-** und **Wohlfahrtswirkung des Waldes** (z. B. Rückgang des Fremdenverkehrs)

Seit 1985 werden in Österreich regelmäßig Waldzustandserhebungen durchgeführt. Sichtbare Waldschädigungen (Kronenverlichtungen) wurden dabei bei rund einem Drittel der untersuchten Bäume festgestellt. Wenn auch in Österreich im Durchschnitt günstigere Verhältnisse herrschen als in anderen Ländern mit zum Teil völlig zerstörten Wäldern, muss alles getan werden, um den Waldverfall zu verhindern.

Schutzmaßnahmen:

- **Vermeidung von Monokulturen** und **Anbau rauchharter Pflanzen**
- **Magnesiumdüngung** und **Kalkung**
- R**auchgasentschwefelung bei Kraftwerken und Industrieanlagen**
- **Ersatz fossiler Brennstoffe durch nachwachsende Rohstoffe**
- **Saubere Motoren** (bleifreies Benzin, Biosprit u. ä.)
- **Energiesparen** (Gebäudeisolierung u. ä.)
- **Sonnen-** und **Windenergie, Erdwärme** usw.
- **Stop von Wegwerfgütern**
- **Frühzeitige Schädlingsbekämpfung**

11.4.4 Schäden durch Forstarbeit

Unsachgemäße Forstarbeit führt zu Fällungs-, Rücke- und Transportschäden. Besonders oft treten Rindenverletzungen auf, die wiederum häufig zu Stammfäulen führen bzw. Eintrittstellen für Forstschädlinge sind. Die Beherrschung der Arbeitstechnik und ein sorgsamer Umgang mit den Ernte- und Transportmaschinen können die angeführten Schäden weitgehend verhindern.

11.4.5 Einschleppung von Forst- und Holzschädlingen

Der internationale Warenverkehr hat zur Folge, dass trotz bestehender pflanzensanitärer Bestimmungen immer wieder fremdartige Forst- und Holzschädlinge eingeschleppt werden, die sich bei uns zu gefährlichen Schädlingen entwickeln können. Diese Schädlinge können das biologische Gleichgewicht empfindlich stören und verursachen große Schäden. Beispiele sind: Bockkäfer, Nutzholzbohrer, Kastanienminiermotte, Kastanienrindenkrebs.

11.4.6 Forstfrevel

Forstfrevel sind Verletzungen und Beschädigungen im Wald, die der Waldbesitzer nicht genehmigt hat und die nicht unter die Bestimmungen des Strafgesetzbuches fallen.

In manchen Kleinwaldgebieten verursachen Forstdiebstahl und Waldbeschädigungen den Waldbesitzern großen Ärger.
Im wesentlichen fallen folgende Handlungen unter den Begriff des Forstfrevels:

- Unbefugtes Aneignen von Klaubholz, Besenreis, Bodenstangen, Erde, Lehm, Bodenstreu in mehr als geringem Ausmaß
- Unbefugtes Beschädigen von stehenden Bäumen
- Unbefugtes Roden von Stöcken
- Unbefugtes Ausgraben, Aushauen oder Ausziehen junger Strauch- und Baumpflanzen
- Unbefugtes Fahren und Reiten im Wald
- Unbefugtes Abstellen von Fahrzeugen im Wald
- Unbefugtes Betreten künstlicher Ansaaten oder Pflanzungen oder Verjüngungen mit Fahrzeugen, Gespannen oder Vieh
- Unbefugtes Weiden von Vieh
- Mangelnde Aufsicht des Weideviehs
- Verbleiben im Wald gegen ausdrückliche Weisung der Forstschutzorgane
- Unbefugtes Ableiten von Wasser in den angrenzenden Wald
- Zerstören, Entfernen oder Beschädigen von Hegezeichen, Grenzzeichen und ähnlichem

Gegen Forstfrevel schützen **Aufklärung der Bevölkerung** und entsprechende **Verwaltungsstrafen**.

12. FORSTLICHE BETRIEBSWIRTSCHAFT

Von den übrigen Betriebszweigen des bäuerlichen Betriebes unterscheidet sich der Wald vor allem durch seine lange, oft mehrere Generationen umfassende Umtriebszeit. Um den Wald nachhaltig und erfolgreich bewirtschaften zu können, muss der Waldbesitzer einen guten Überblick über seine Waldverhältnisse haben, die nutzbare Holzmenge kennen und wissen, wo, wann und welche Maßnahmen er durchzuführen hat.
Während in Forstbetrieben der Wald die einzige Einkommensquelle bildet, ist er in Betrieben, die über land- und forstwirtschaftliche Kulturen verfügen, ein Betriebszweig mit unterschiedlichem Einfluss auf das Gesamteinkommen.

12.1 PLANUNG DER WALDBEWIRTSCHAFTUNG

Die Bedeutung einer landwirtschaftlichen Betriebsplanung für den Betriebserfolg ist heute jedem fortschrittlichen Landwirt bewusst.
Oft wird aber übersehen, dass auch die Bewirtschaftung des Waldes mit seinen langen, das Leben eines Waldbesitzers überdauernden Produktionszeiträumen ebenfalls einer eingehenden Planung bedarf. Jede falsch angelegte Kultur, unsachgemäße Durchforstung oder unrichtige Erdnutzung belasten noch spätere Generationen.

12.1.1 Waldwirtschaftsplan

Die beste Voraussetzung für eine richtige Bewirtschaftung des Waldes ist ein von einem Forstfachmann erstellter Waldwirtschaftsplan.

Er wird vor allem in größeren Forstbetrieben mit laufender Waldnutzung für die Dauer von zehn Jahren erstellt und besteht aus Waldkarte und Wirtschaftsbuch.
In der **Waldkarte** sind mit bestimmten Farben die Grenzen, Altersklassen, geplanten Nutzungen, Wege und sonstige Einzelheiten (z. B. Steinbruch, Teich) eingezeichnet. Das **Wirtschaftsbuch** enthält ein **Flächenverzeichnis**, das über die bestockten Flächen, Betriebsformen, Wirtschaftsbeschränkungen (Schutz- und Bannwald), Nutzungsrechte und dgl. Auskunft gibt. Weiters wird der **Waldstandort** beschrieben (Seehöhe, Niederschlagsmenge, Bodenbeschaffenheit, Geländeausformung).
Die **Bestandesbeschreibung** gibt Auskunft über Baumarten, Alter, Bestockung, Bonität, Masse, Zuwachs und sonstige Bestandsmerkmale (z. B. Ackeraufforstung, Rotfäule, Ästigkeit).
Die eigentliche Planung erstreckt sich auf die **Waldpflegeplanung** und **Hiebsplanung** (Festlegung der Schlägerungsorte, zu erntende Masse, Betriebsform und Schlägerungszeit) und eventuell auf die Aufschließungsplanung.
Folgende Daten sind für die Erstellung eines Waldwirtschaftsplanes vonnöten:

12.2 ERHEBUNG DES WALDBESTANDES

Eine wichtige Voraussetzung für die richtige Nutzung des Waldes ist die Kenntnis seines Leistungsvermögens. Dazu müssen neben der Fläche vor allem Baumarten, Altersaufbau, Bestockung, Holzvorrat und Zuwachs erhoben bzw. berechnet werden. Die entsprechenden Daten können vielfach nur **Forstleute** in befriedigender Weise ermitteln, weshalb nach Möglichkeit ihre **Beratung** in Anspruch genommen werden sollte (z. B. Landwirtschaftskammer). Mit Hilfe einfacher Verfahren kann sich der Waldbauer jedoch auch selbst einen entsprechenden Überblick verschaffen. Ein wertvolles Hilfsmittel dabei ist der Österreichische Forstkalender mit seinen Tabellen.

12.2.1 Waldfläche

Die Waldfläche eines Betriebes geht aus dem Grundstücksverzeichnis und dem Lageplan hervor.

Der tatsächliche Waldbestand stimmt vielfach nicht mit der angegebenen Nutzungsart überein, so dass eine Besichtigung erfolgen muss. Notwendige Änderungen können im Lageplan eingetragen werden.

Waldgrenzen sollten durch Freihalten von Bewuchs und Streichen der Grenzsteine deutlich gekennzeichnet werden.

Im Wald sind Besitzgrenzen häufig nicht genau bekannt, so dass es zu Streitigkeiten kommen kann. Für das Gericht gilt als Grenze nicht die Katastergrenze, sondern der letzte ruhige (unbestrittene) Besitzstand. Ausgenommen ist der neue Grenzkataster, bei dem die Grenzsteine rückvermessen werden.

Gibt es Grenzprobleme, sollten diese mit dem Nachbarn möglichst einvernehmlich bereinigt werden.

Grenzzeichen *sollen gut sichtbar und auffallend markiert sein und jährlich kontrolliert werden*

Prozesskosten stehen vielfach in keinem vernünftigen Verhältnis zum Streitwert.

12.2.2 Baumartenanteil

Zur Charakterisierung eines Mischwaldes ist es notwendig, den Anteil der verschiedenen Baumarten anzugeben. Die Ermittlung kann entweder durch Auszählen oder Schätzen erfolgen.

Der prozentuelle Baumartenanteil wird durch Zählung oder Schätzung ermittelt und in Zehntel ausgedrückt.

Beispiel:

Ein Bestand, der sich aus 60 % Fichte, 20 % Tanne und 20 % Buche zusammensetzt, wird wie folgt beschrieben:
0,6 FI, 0,2 TA, 0,2 BU.

Wenn ein Bestand nahezu ausschließlich nur eine Baumart umfasst, genügt es meist, nur die vorherrschende Baumart anzugeben.

12.2.3 Altersklassen

Die Altersbestimmung, die für die Beurteilung der durchschnittlichen Zuwachsleistung, den Gebrauch von Ertragstafeln, die Bestimmung der Standortgüte usw. notwendig ist, kann auf folgende Weise erfolgen:

- **Schätzen**
- **Abzählen der Astquirle** bei jüngeren Nadelbäumen möglich
- **Abzählen der Jahresringe** am Stock oder mit Hilfe des Zuwachsbohrers am stehenden Baum möglich. Bei der Auszählung am Stock müssen der ermittelten Jahresringzahl bei einer Stockhöhe von etwa 0,3 m je nach Baumart 1 bis 10 Jahre hinzugerechnet werden
- **Auswerten von Aufzeichnungen** bei Forstbetrieben mit Wirtschaftsbüchern

Zum Zweck der Planung werden die Bäume nach ihrem Alter in folgende Altersklassen zusammengefasst:

Altersklasse	Alter in Jahren
I	1– 20
II	21– 40
III	41– 60
IV	61– 80
V	81–100
VI	101–120
VII	121–140

Die Altersklassen können zur Bestandesbeurteilung auch in größeren Gruppen zusammengefasst werden (z. B. 1 bis 40, 41 bis 80 und über 80 Jahre).

12.2.4 Bestockungsgrad

Die volle Bestockung eines Bestandes ist gegeben, wenn die dem Standort und der Baumart entsprechende ideale Stammzahl vorhanden ist. Dies ist jedoch in den meisten Fällen nicht der Fall. Eine unzureichende Bestockung verursacht einen geringeren Ertrag.

Das Verhältnis der vorhandenen Stammgrundfläche eines Bestandes (Summe der Kreisfläche aller Einzelbäume) zur idealen Stammgrundfläche je ha heißt Bestockungsgrad. Er wird geschätzt und in Zehntel der vollen Bestockung angegeben.

Beispiel:

In einem Bestand wurde die Bestockung mit 70 % der idealen Bestockung geschätzt. Der Bestockungsgrad beträgt 0,7.

12.2.5 Standortgüte

Einen Hinweis auf die Standortgüte geben Bodenzusammensetzung und Bodenpflanzen. Da das Wachstum der Bäume sehr wesentlich vom Standort abhängt, kann auch aus der **Baumhöhe** auf seine Güte (Bonität) rückgeschlossen werden. Beim forstlichen Fragebogen für die Feststellung des Einheitswertes für den Kleinwald dient dazu die folgende Tabelle:

Baumart	**Holzwachstum**				
	sehr gut	gut	mittel	schlecht	sehr schlecht
	Mittlere Baumhöhe in Metern im 100-jährigen Alter				
Fichte	über 29	26–29	22–26	17–22	unter 17
Weißkiefer	über 26	22–26	18–22	13–18	unter 13
Lärche	über 30	27–30	22–27	18–22	unter 18
Buche und sonstige Laubbäume außer Eiche	über 31	28–31	24–28	20–24	unter 20

12.2.6 Holzvorrat

❑ Stärkemessung beim stehenden Baum

Die Stärke wird beim stehenden Baum mit der Rinde bergseitig in Brusthöhe (1,30 m über dem Boden) gemessen.
Der **Durchmesser** (d) wird mit der **Messzange** (Kluppe), der **Umfang** kann mit einem **Maßband** bzw. auch mit der Handspanne gemessen werden. Sowohl aus dem Durchmesser als auch aus dem Umfang lässt sich die sogenannte „Stammkreisfläche“ (g) berechnen, welche die Grundlage mathematischer Formeln zur Holzmassenermittlung bildet.

Die Stärke von stehenden Bäumen wir in 1,30 m Höhe gemessen.

❑ Höhenmessung beim stehenden Baum

Da eine direkte Messung der Baumhöhe (h) kaum möglich ist, wird sie indirekt mit **Höhenmessinstrumenten** ermittelt. Annähernd richtige Ergebnisse lassen sich aber auch mit **einfachen Hilfsmitteln** (Metermaßstab, Dreieck usw.) erzielen.

Die Höhe von Bäumen wird indirekt mit Hilfsmitteln gemessen.

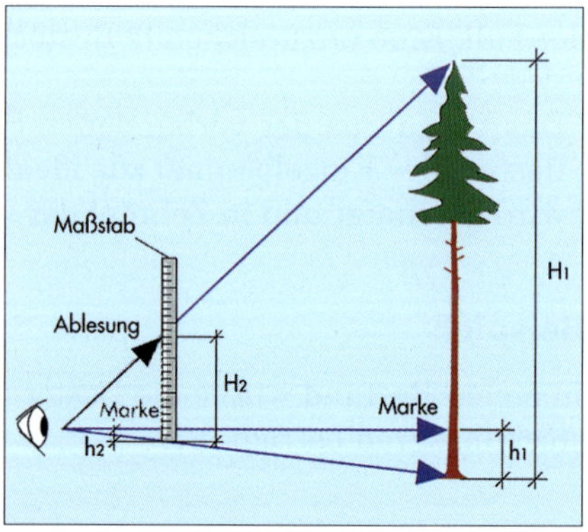

***Messung der Baumhöhe** mit einfachen Hilfsmitteln*

Steht kein Höhenmessgerät zur Verfügung, kann man sich z. B. wie folgt behelfen:
Baum in 2, 3 oder 4 m Höhe gut sichtbar markieren (z. B. Farbe, angelegte Messlatte). Je höher, je besser, da die Messung genauer wird.

Auf Metermaßstab die Meterhöhe der Baummarke in cm markieren (z. B. überkleben).
Etwa in eineinhalbfacher Baumhöhe vom Baum entfernt mit lotrecht gehaltenem Metermaßstab Baum so anvisieren, dass der Nullpunkt mit dem Stammfuß und die Marke am Maßstab (h_2) mit der entsprechenden Baummarke (h_1) übereinstimmen.
Wo die Visierlinie vom Auge zum Wipfel den Maßstab berührt, liest man in mm genau ab. Die abgelesenen cm (H_2) entsprechen der Baumhöhe in m (H_1).
Diese Art der Höhenmessung beruht, wie die nachstehende Zeichnung zeigt, auf dem Verhältnis h_1 (m) : H_1 (m) = h_2 (cm) : H_2 (cm).

❑ Massenermittlung beim einzelnen Baum

Der Rauminhalt (v) eines stehenden Baumes lässt sich aus der Stammkreisfläche in Brusthöhe (g), der Baumhöhe (h) und der Formzahl (f) wie folgt berechnen:

$$v_{(vfm)} = G_{(m^2)} \times h_{(m)} \times f$$

Die **Formzahl** berücksichtigt die unterschiedliche Stammausbildung bei den verschiedenen Baumarten und Wachstumsstufen.

Mit folgenden Formzahlen kann gerechnet werden:

Baumart	Wachstumsstufe		
	sehr gut/ gut	mittel	schlecht/ sehr schlecht
Fichte	0,45–0,47	0,47–0,48	0,49–0,51
Tanne	0,46–0,49	0,49–0,51	0,50–0,52
Kiefer/Lärche	0,45–0,46	0,45–0,46	0,47–0,48
Buche	0,50–0,51	0,48–0,49	0,47–0,48

Eine einfache Schätzformel zur Ermittlung des Stamminhaltes ist:

$$V_{(vfm)} = d^2 : 1000$$

❑ Massenermittlung von Beständen

Die Erhebung einer Bestandesmasse ist besonders in ungleichmäßigen Beständen äußerst schwierig.
Jüngere Bestände werden meist nach **Ertragstafeln** eingeschätzt.
Althölzer werden entweder ebenfalls **eingeschätzt** oder **„gekluppt“,** wobei ihre Masse dann mit Hilfe von **Formzahlen** oder **Massentafeln** ermittelt wird.
Eine relativ **einfache Methode** zur Ermittlung der stehenden Holzmasse besteht darin, in einem kleinen Bestand alle Bäume bzw. in einem größeren Bestand die Bäume typischer Teilflächen (z. B. 50 x 50 m = 0,25 ha) zu kluppen. Dabei können die Bäume zu Stärkestufen (z. B. von 4 zu 4) zusammengefasst und untergeordnete Baumarten zur Hauptbaumart dazu geschlagen werden.
Die Höhenmessung erstreckt sich nicht auf alle Stämme, sondern nur auf ca. 3 bis 10 % der verschiedenen Stärkestufen, wobei möglichst mittlere Stämme herangezogen werden sollen.
Die Berechnung der Holzmasse ganzer Bestände erfolgt wie die der Masse des Einzelstammes nach er Formel g x h x f. An die Stelle der Kreisfläche des Einzelstammes (g) tritt die Ge-

samtkreisfläche des Bestandes (G), die sich durch Addieren der Grundflächen der einzelnen Stärkestufen ergibt. Als Baumhöhe dient ein Mittelwert (hm = H). Die mittlere Formzahl (fm = F) wird Formzahltafeln entnommen.

$$V_{fm} = G \times H \times F$$

Beispiel:

Gekluppte Fläche 50 m x 50 m = 0,25 ha.

In der Praxis wird die Masse meist mit Hilfe von Ertragstafeln ermittelt.

Aufnahmeblatt für die Massenermittlung eines Bestandes

(gekluppte Fläche: 50 m x 50 m = 0,25 ha)

Ermittlung der Bestandesgrundfläche								
BHD-Stufe (in cm)	Stammzahl je Baumart				Kreisfläche (qm)	Grundfläche je Baumart (Stammzahl*Kreisfläche)			
	FI	TA	BU			FI	TA	BU	
12 bis 15	///// / 6	///// /// 8	/ 1		0,014	0,09	0,11	0,01	
16 bis 19	///// ///// // 12	///// ///// / 11	// 2		0,024	0,29	0,26	0,05	
20 bis 23	///// ///// ///// 15	///// ///// //// 14	/ 1		0,036	0,54	0,51	0,04	
24 bis 27	///// ///// // 12	///// ///// ///// / 16	/ 1		0,051	0,61	0,82	0,05	
28 bis 31	/// 3	///// ///// / 11			0,068	0,21	0,75		
32 bis 35	// 2	///// / 6	/ 1		0,088	0,18	0,53	0,09	
36 bis 39		/// 3			0,110		0,33		
40 bis 43		// 2	/ 1		0,135		0,27	0,14	
44 bis 47		/ 1			0,163		0,16		
48 bis 51	/ 1		/ 1		0,192	0,19		0,19	
52 bis 55		/ 1			0,225		0,22		
56 bis 59					0,260				
60 bis 63		/ 1			0,297		0,30		
64 bis 67					0,337				
68 bis 71			/ 1		0,379			0,38	
72 bis 75					0,424				
(1) **Summe Bestandesgrundfläche** (qm)						2,11	4,27	0,94	

Ermittlung der Mittelhöhe				
	Baumart/Höhe (in m)			
	FI	TA	BU	
1.	21	22	23	
2.	23	22	23	
3.	23	22	23	
4.	14	22	23	
5.	23	22	23	
6.	23	22	23	
7.	23	22	23	
8.	12	22		
9.	12			
10.	11			
11.				
12.				
Summe	185	176	161	
Anzahl	10	8	7	
(2) **Mittelhöhe**	18,5	22	23	

Ermittlung der Bestandesgrundfläche				
Baumart	Bandesgrundfläche (1)	Mittelhöhe (2)	Formzahl (3)	Bestandesmasse (1*2*3)
FI	2,11	18,5	0,48	18,70
TA	4,27	22	0,50	46,99
BU	0,94	23	0,47	10,22
Summe (vfm)				75,90

12.2.7 Holzzuwachs

Ein Wald lässt sich nur dann nachhaltig nutzen, wenn der Holzeinschlag dem Zuwachs an Holzmasse entspricht. Bei einer laufenden Nutzung (große Forstbetriebe, Plenterung) hängt daher der Jahres-Holzeinschlag von der Größe des durchschnittlichen Zuwachses ab.

Der Holzzuwachs ist der eigentliche Naturalertrag des Waldes.

Der aus dem Höhen- und Stärkezuwachs sowie der Formzahlveränderung ermittelte Massenzuwachs ist bei den einzelnen Baumarten verschieden. Lichtbaumarten auf gutem Standort, im Freistand und mit großem Wachstumsraum haben einen relativ frühen Höchstwert (z. B. Kiefer bereits ab 30 Jahren), während Schattbaumarten auf geringem Standort, unter starker Beschirmung und mit geringem Wachstumsraum den höchsten Zuwachswert (Kulmination) sehr spät erreichen (z. B. Buche erst mit ca. 130 Jahren). Erfolgt bei Altbeständen kein nennenswerter Zuwachs mehr, sind sie zu nutzen.

Der Zuwachs bestimmt den Zeitpunkt der Hiebsreife und damit die Umtriebszeit.

Einblick in den Stärkezuwachs von Bäumen ermöglicht die periodische Messung des Brusthöhendurchmessers oder die Zuwachsmessung mittels des Zuwachsbohrers.

12.2.8 Einfache Nutzungsplanung

Auch die Bewirtschaftung des Bauernwaldes mit meist aussetzender Nutzung sollte planvoll erfolgen.

Ist kein Waldwirtschaftsplan vorhanden, sollte man selbst eine Waldkarte anfertigen und eine einfache Nutzungsplanung vornehmen.

Dabei werden zumindest die wichtigsten Daten über den Waldzustand erhoben und Art, Umfang und Zeitpunkt der künftigen Waldnutzung festgelegt.

❑ Pflegemaßnahmen

Grundsätzlich kann mit folgenden **Arbeiten** gerechnet werden:

- **Jährliche Pflegearbeiten in Kulturen** (Schutzmaßnahmen, Unkrautbekämpfung usw.).
- **Alle 3 bis 5 Jahre Pflegearbeiten in größeren Kulturen und in Jungwüchsen** (Entfernen von Konkurrenzvegetation, Protzenentnahme, Stammzahlreduktion usw.)
- **Im Abstand von 5 bis 10 Jahren Durchforstung** (nach Standort, Wuchs und Bestandsaufbau).

Für Pflegemaßnahmen gilt folgende **Dringlichkeitsreihe:**

- Jungwuchs vor Stangen- und Baumholz
- Labile Bestände vor stabilen Beständen
- Jüngere Bestände vor älteren Beständen
- Gemischte Bestände vor Reinbeständen
- Wertleistungsfähige Baumarten vor Massenbaumarten

Durch Zusammenfassen der einzelnen Pflegemaßnahmen nach Umfang und Dringlichkeit erhält man einen Überblick über die in den nächsten Jahren notwendigen Arbeiten und den zu erwartenden Aufwand.

❑ Vor- und Endnutzung

Ein Maßstab für die nachhaltig jährlich zu entnehmende Holzmenge ist der **Hiebsatz**.
Er umfasst den Vornutzungshiebsatz (Durchforstung) und Endnutzungshiebsatz.
Der **Endnutzungshiebsatz im Altersklassenwald** lässt sich bei ausgeglichenem Altersaufbau und annähernd gleicher Bonität in allen Altersklassen wie folgt berechnen:

$$\frac{\text{Waldfläche (ha)}}{\text{Umtriebszeit (Jahre)}} \times \begin{array}{c}\text{Durchschnittlicher Holzvorrat (vfm/ha)}\\ \text{der Altersklassen, die älter als die}\\ \text{Umtriebszeit abzüglich 20 Jahre sind}\end{array} = \text{Jahreshiebsatz (vfm)}$$

Beispiel:

Waldfläche 10 Hektar; Umtriebszeit 120 Jahre; durchschnittlicher Holzvorrat der Altersklassen VI und VII 360 vfm/ha.

$\frac{10}{120} \times 360 =$ vfm, die jährlich nachhaltig geschlägert werden können.

Im Plenterwald wird für die Endnutzung häufig eine „Zielstärke" der Stämme festgelegt, ab der sie geschlägert werden.

Durch die Endnutzung erst ab einem bestimmten Stammdurchmesser wird verhindert, dass aus dem Plenterwald ein Plünderwald wird.
Der **Vornutzungshiebsatz** kann je nach Bestand mit 20 bis 40 % des Endnutzungshiebsatzes angenommen werden.
Auf einem Hektar gut bestockten Bestand fallen in einem Jahrzehnt im Durchschnitt folgende Durchforstungen in vfm an:

	Wachstumsstufe				
	sehr gut	gut	mittel	schlecht	sehr schlecht
Laubholz	40	35	25	20	10
Nadelholz	35	30	20	15	5

Bei der Festlegung von Jahr und Umfang der tatsächlichen Endnutzung sind auch Holzpreis, Rückstand bei Pflegedurchforstungen, Abbau von Altholzüberhang und dgl. zu berücksichtigen.

❑ Kontrolle

Verbunden mit der Planung der Waldbewirtschaftung sollte die Kontrolle der vorgesehenen Maßnahmen auf ihre Durchführung sein.

12.2.9 Waldkarte

Bestandteil jeder Planung sollte eine Waldkarte mit einer Darstellung des Waldbesitzes, der Bestände (möglichst durch Farbe in Altersklassen getrennt) sowie weiterer wichtiger Merkmale (Straßen, Blößen usw.) sein.
In die Karte können auch verschiedene Planungsmaßnahmen für einzelne Bestände eingezeichnet werden.

Je nach Wunsch und Intensität der Bewirtschaftung gibt es mehrere Möglichkeiten für eine kartenmäßige Darstellung:

- Die einfachste Form ist ein Lageplan mit den darin eingezeichneten Beständen und einer entsprechenden Färbelung.
- Wird die Waldfläche vermessen, so kann mit den Vemessungsdaten eine Karte gezeichnet werden.

Heute werden Karten bereits vielfach vom Computer, der mit den jeweiligen Daten versorgt ist, gezeichnet.

Ortophoto 1:5000 mit Höhenschichtlinien

Beispiel einer Waldkarte:

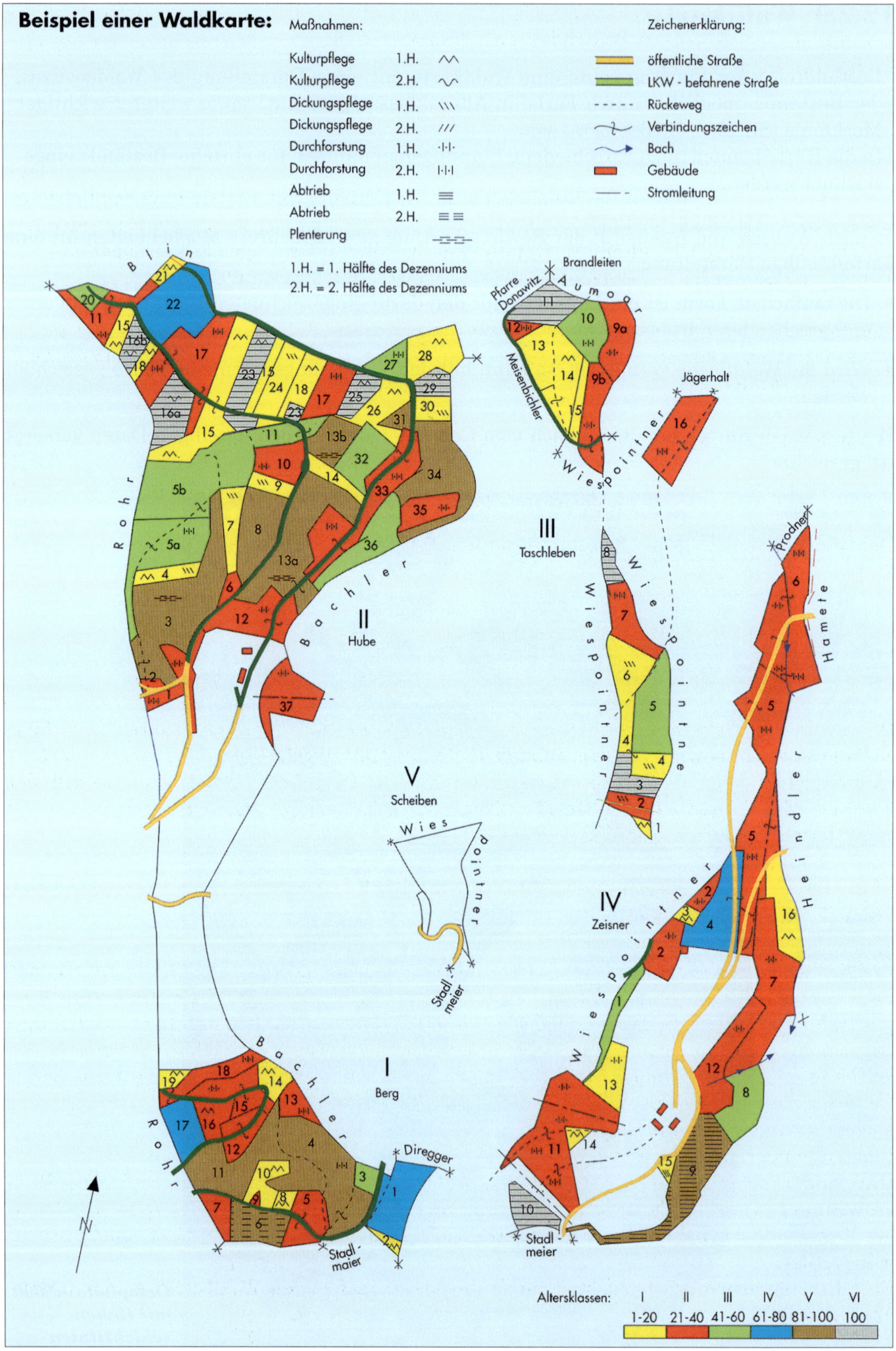

- Eine weitere Form der Darstellung ist das **Ortophoto**, ein auf Kartenmaßstab gebrachtes Luftbild. Daraus können Bestandes- oder Baumartenunterschiede ersehen und deren Flächen bestimmt werden.

12.2.10 Bewertung des Waldes

Eine Waldbewertung nimmt die Finanzbehörde zur Einheitswert-Feststellung des Betriebes vor. Sie kann aber auch fur Buchfuhrungszwecke oder im Zusammenhang mit Kauf oder Verkauf von Waldflächen, Waldteilung, Entschädigungs- und Ablösefragen usw. erfolgen.
Je nach Anlass werden verschiedene Bewertungsmethoden angewandt.

Die Bewertung von Waldbeständen ist ziemlich schwierig. Hat sie unmittelbare finanzielle Auswirkungen, sollte sie von einem Forstfachmann (z. B. Landwirtschaftskammer) vorgenommen werden.

Verkaufsverhandlungen gehen in der Regel von einem Waldwert aus, der sich wie folgt errechnet:

Waldwert = Bodenwert + Bestandswert

Der Bestandswert ist vom Alter des Bestandes abhängig.

12.3 BETRIEBSZWEIG WALD

Die österreichische Forstwirtschaft ist aufgrund ihres hohen Anteiles an Bauernwald auf das engste mit der Landwirtschaft verbunden. Etwa zwei Drittel aller Betriebe mit mehr als 5 ha landwirtschaftlicher Nutzfläche besitzen auch Wald. In bäuerlichen Betrieben muss sich der Wald als **gleichberechtigter Betriebszweig** neben anderen Betriebszweigen in das Gesamtbetriebsgeschehen einordnen.

Ein landwirtschaftlicher Betrieb, der über Wald verfügt, ist in der Regel finanziell leistungsfähiger und krisenfester.

Der Betriebszweig Wald erfüllt im Rahmen der bäuerlichen Betriebswirtschaft verschiedene Funktionen. So kann er den **Eigenbedarf** an Bau- und Brennholz bzw. sonstigem Wirtschaftsholz für Zäune, Geräte und dgl. decken. Die Bedeutung dieser Funktion hat allerdings abgenommen, da heute markt- und geldwirtschaftliche Überlegungen vielfach gegen diese Art der Nutzung sprechen. Von größter Bedeutung ist der **Geldertrag** des Waldes, der in erster Linie aus der Holznutzung (End- und Vornutzung) stammt. Gewisse Einnahmen können aber auch aus seiner Nebennutzung (Christbäume, Beeren usw.) erreicht werden.
Eine laufende Holznutzung des Waldes und damit regelmäßige Einnahmen lassen sich allerdings erst ab einer bestimmten Waldgröße erzielen. Bei aussetzender Nutzung erfüllt der Bauernwald in gewisser Weise die Funktion einer **Sparkasse**, da sich das Waldkapital auf Grund des Zuwachses vermehrt. Die so angesparten Walderträge können dann bei Bedarf entnommen werden.
Eine Einkommensmöglichkeit stellt auch die Arbeit in fremden Waldbetrieben dar **(„Bauernakkord“).**

12.3.1 Merkmale

Der Wald weist als **Betriebszweig** einige wesentliche Merkmale auf:

- Langer Produktionszeitraum durch lange Umtriebszeit
- Relativ freie, von der Jahreszeit unabhängige Arbeitsgestaltung
- Geringer Festkostenanteil, da weniger Investitionen notwendig
- Keine staatliche Regelung der Holzpreise
- Keine Kontingentierung der Produktion
- Arbeitsextensiv im Verhältnis zu anderen Arbeiten in der Landwirtschaft
- Geldaufwand je Hektar gering
- Einkommen des Bauern, der die Waldarbeit selbst ausführt, erreicht bis zu 70 % des Rohertrages

Diese Merkmale schlagen sich auch in den betriebswirtschaftlichen Kenndaten der verschiedenen forstlichen **Produktionsverfahren** (Waldart, Betriebsform usw.) nieder.

12.3.2 Rohertrag

Der Rohertrag wird aus dem Naturalertrag (erzielbare Holzmenge) und dem erzielbaren Preis berechnet.

Fallen mehrere Holzsortimente an, ist ein Durchschnittspreis zu ermitteln.

Rohertragskalkulation für Fichte: €/ha und Jahr						
Ertragsklasse (Absolutbonität)		4	6	8	10	12
Umtriebszeit in Jahren		130	120	110	100	90
Gesamtwuchsleistung (GWL) in vfm		551	728	877	1000	1089
Vornutzung						
Durchforstungsgrad in % d. GWL		24	28	32	36	40
Masse in vfm		132	204	281	360	436
Masse in efm: vfm – 20 %		106	163	225	288	348
Masse in efm/ha/Jahr		0,81	1,38	2,04	2,88	3,87
Holzsortimentsverteilung in %						
Spezialsortimente	53 €/fm	17	25	35	47	59
Schleifholz	33 €/fm	69	62	54	43	32
Brennholz	25 €/fm	14	13	11	10	9
Gewichteter Preis		35	37	39	42	44
Rohertrag aus Vornutzung		**29**	**51**	**80**	**120**	**171**

Masse in efm/ha/Jahr		2,74	3,71	4,61	5,44	6,17
Holzsortimentsverteilung in %						
Sägerundholz	70 €/fm	67	71	75	79	83
Schleifholz	33 €/fm	24	21	18	15	12
Brennholz	25 €/fm	9	8	7	6	5
Gewichteter Preis		57	59	60	62	63
Rohertrag aus Endnutzung		**156**	**218**	**277**	**336**	**391**
Rohertrag aus Gesamtnutzung		**185**	**269**	**357**	**456**	**561**

12.3.3 Variable Kosten

Variable Kosten verursachen im wesentlichen die Maschinen- und Materialkosten der Aufforstung, Kulturhilfe, Durchforstung, Wegerhaltung und Endnutzung. Wird die Arbeit nicht selbst ausgeführt, kommen noch die Arbeitskosten dazu.

Sowohl Kosten als auch Erlöse hängen stark von der Leistungsfähigkeit des Waldes ab; das Verhältnis wird um so günstiger, je besser der Standort und je höher die Wuchsleistung ist.

12.3.4 Deckungsbeitrag

Der Deckungsbeitrag je Hektar ist im Vergleich zu landwirtschaftlichen Betriebszweigen relativ gering.

Bei einer Vollkostenrechnung, bei der auch die Fixkosten mitberücksichtigt werden, ändert sich das Verhältnis zugunsten des Waldes, da dieser eine geringe Festkostenbelastung aufweist.

Deckungsbeitragskalkulation für Fichte: €/ha und Jahr **Rückung mit eigenem Traktor + Seilwinde: eigene Motorsäge;** **Arbeitszeit unbewertet** **Aufschließungsgrad: 25 lfm Wege/ha**					
Ertragsklasse (Absolutbonität)	4	6	8	10	12
Umtriebszeit in Jahren	130	120	110	100	90
Gesamtwuchsleistung (GWL) in vfm	551	728	877	1000	1089
Vornutzung	29	51	80	120	171
Endnutzung	156	218	277	336	391
Rohertrag	**185**	**269**	**357**	**456**	**561**

Aufforstung	7,1	7,2	7,3	7,4	7,5
Kulturpflege	5,4	5,1	4,9	4,7	5,1
Durchforstung	3,6	5,6	8,0	10,7	13,7
Endnutzung	8,4	10,9	13,0	14,8	16,1
Wegerhaltung	4,9	4,9	4,9	4,9	4,9
Variable Kosten	**29,4**	**33,7**	**38,1**	**42,5**	**47,3**
Deckungsbeitrag	156	235	319	414	514
bei + 20 % geändertem Holzpreis	193	289	390	505	626
bei + 10 % geändertem Holzpreis	174	262	355	459	570
bei – 10 % geändertem Holzpreis	137	208	283	368	458
bei – 20 % geändertem Holzpreis	119	182	248	322	402

Betrachtet man den Deckungsbeitrag je Arbeitskraftstunde, so zeigt sich, dass jede im Wald geleistete Arbeitsstunde einen sehr hohen Deckungsbeitrag und damit „Arbeitsverdienst" erbringt.

Arbeitszeitbedarf für Fichte: Std./ha und Jahr und Deckungsbeitrag/AKH					
Ertragsklasse (Absolutbonität)	4	6	8	10	12
Umtriebszeit in Jahren	130	120	110	100	90
Gesamtwuchsleistung (GWL) in vfm	551	728	877	1000	1089
Aufforstung	0,51	0,55	0,60	0,66	0,73
Kulturpflege	2,20	2,61	3,09	3,67	4,07
Durchforstung	2,79	4,36	6,21	8,30	10,60
Endnutzung	3,37	4,40	5,26	5,96	6,48
Wegerhaltung	0,25	0,25	0,25	0,25	0,25
Arbeitszeit	9,12	12,17	15,41	18,84	22,13
Deckungsbeitrag/ha	156	235	319	414	514
Deckungsbeitrag/AKH	17	19	21	22	23
bei + 20 % geändertem Holzpreis	21	24	25	27	28
bei + 10 % geändertem Holzpreis	19	22	23	24	26
bei – 10 % geändertem Holzpreis	15	17	18	20	21
bei – 20 % geändertem Holzpreis	13	15	16	17	18

Der Deckungsbeitrag je Arbeitskraftstunde ist bei Eigenarbeit im Vergleich zu landwirtschaftlichen Betriebszweigen hoch. Waldarbeiten sollten daher grundsätzlich selbst ausgeführt und nicht vergeben werden.

Betriebsaufzeichnungen

Jeder unternehmerisch geführte Betrieb soll in gewissen Zeitabständen die Nutzung seiner Ressourcen, wie Boden und Arbeitskräfte, überprüfen. Dies gilt ganz besonders in Zeiten rasch wechselnder wirtschaftlicher Rahmenbedingungen.
Die beste Grundlage für Entscheidungen sind Aufzeichnungen aus dem eigenen Betrieb.
Als Grundlage für die Führung dieser Aufzeichnungen ist die detaillierte Kenntnis des Waldzustandes zwar nicht unbedingt Voraussetzung, aber um die aus Aufzeichnungen gewonnenen Erkenntnisse nutzbringend anwenden und untereinander vergleichen zu können, ist unbedingt ein Bezug zum Bestand, in dem die Arbeiten erfolgten herzustellen.
Am besten eignet sich dafür ein aktueller Waldwirtschaftsplan.
Zweck der Arbeitsaufzeichnungen soll sein, in möglichst einfacher Form aussagekräftige Daten über die Waldwirtschaft des Betriebs zu erhalten. Man muss sich im Klaren sein, dass die Aussagekraft mit der Genauigkeit und mit der Dauer der Aufzeichnungen steigt.
Eine mögliche Unterteilung wäre in die Bereiche Holzernte (End- und Vornutzung, Schlägerung und Rückung), Waldbau (z. B. Aufforstung, Kultursicherung, Dickungspflege, Forstschutz ...) und Sonstige Maßnahmen (Weiterbildung, Wegerhaltung, Abrechnungen ...).
Erst die Kenntnis der Arbeitszeit in den Teilbereichen lässt eine vergleichbare Deckungsbeitragsrechnung für den eigenen Betrieb zu.

12.4 ÜBERBETRIEBLICHE ZUSAMMENARBEIT

Die Forstwirtschaft verlangt aufgrund ihrer besonderen Gegebenheiten einen größeren Flächenraum als die Landwirtschaft. Der bäuerliche Waldbesitz ist aber durch kleine Waldparzellen gekennzeichnet, was nicht nur seine Bewirtschaftung, sondern auch die Vermarktung des Holzes erschwert.
Durch eine überbetriebliche Zusammenarbeit lassen sich diese Nachteile aus folgenden Gründen teilweise wettmachen.

- Der Waldbau beginnt beim **Wegebau.** Forstaufschließungswege lassen sich teilweise überhaupt nur als Gemeinschaftsprojekte verwirklichen.
- **Forstliche Spezialmaschinen** (Entrindungsmaschinen, Seilwinden, Seilkräne, sonstige Holzrücke- und Transportmaschinen, Dünge- und Forstschutzgeräte), die für die Einzelanschaffung meist zu teuer sind, können genutzt werden.
- Der **verbilligte Einkauf** von Dünge- und Forstschutzmitteln bringt finanzielle Erleichterungen.
- Durch gemeinsame **Vermarktung** lassen sich die Holzprodukte sicherer verkaufen und bessere Holzpreise erzielen. Der einzelne Waldeigentümer ist nicht mehr hilflos dem Marktgeschehen ausgeliefert.
- Der Einsatz von **forstlichen Fachkräften** wird ermöglicht.
- Im Zeichen des Einmannbetriebes in der Landwirtschaft muss die Arbeit im Wald immer häufiger durch Waldarbeiter durchgeführt werden. Die Forstarbeit kann Kleinbauern einen dauerhaften **Nebenerwerb** ermöglichen.

Durch überbetriebliche Zusammenarbeit in der Forstwirtschaft lässt sich die Rentabilität von Kleinwaldungen erhöhen.

13. FORSTRECHT

Der Wald steht in Österreich seit langem unter gesetzlichem Schutz. Im Mittelalter regelten **Waldordnungen** Bewirtschaftsmaßnahmen zur Sicherung des Holzes für Bergbau, Salinenbetriebe und Hüttenwerke. Im **Reichsforstgesetz 1852** kamen Grundsätze für die Erhaltung seiner Schutz- und Wohlfahrtswirkung hinzu.
Mit dem im Jahre 1975 vom Nationalrat beschlossenen und 2002 novellierten österreichischen **Forstgesetz** erhielt die Waldbewirtschaftung eine neue Rechtsgrundlage. Hauptziel des Forstgesetzes ist die nachhaltige Sicherung der vier Wirkungen des Waldes.
Neben dem Forstgesetz des Bundes regeln auch Landesgesetze mit dem Wald in Zusammenhang stehende Bereiche (z. B. Aufforstung landwirtschaftlicher Grundstücke, Naturschutz, Jagd usw.)

13.1 FORSTGESETZ

Das **Forstgesetz** regelt insbesondere:

- **Rechtliche Stellung des Waldes**
- **Forstliche Raumplanung**
- **Erhaltung des Waldes und Nachhaltigkeit seiner Wirkung** (Wiederbewaldung, Waldverwüstung, Rodung, Schutz- und Bannwälder, Benützung zu Erholungszwecken, Nebennutzungen)
- **Forstschutz** (Waldbrand, Forstschädlinge, Luftverunreinigungen)
- **Bringung** (zu Land, Wasser und über fremden Grund, Bringungsgenossenschaften)
- **Nutzung der Wälder** (Nutzungsbeschränkungen, Überwachung der Fällung)
- **Forstpersonal** (Forstorgane, Forstfachschule, Forstliche Ausbildungsstätten)
- **Forstliche Förderung**
- **Forststrafen**

Die Vollziehung des Forstgesetzes obliegt in Bezug auf die Waldbewirtschaftung in erster Instanz den Bezirkshauptmannschaften und deren **Bezirksforstinspektionen**.

13.2 FORSTFÖRDERUNG

Das Forstgesetz regelt die forstliche Förderung durch den Bund. Ziele der Förderung sind:

- **Verbesserung der Nutzwirkung des Waldes** (Strukturverbesserung, Errichtung von Bringungsanlagen, Sanierung geschädigter Wälder usw.)
- **Erhaltung und Verbesserung der Schutz-, Wohlfahrts- und Erholungswirkung des Waldes** (Schutzwaldsanierung usw.)

Die näheren Förderungsbedingungen werden in Richtlinien festgelegt.
Neben dem Bund fördern auch die Bundesländer die Forstwirtschaft als notwendige Ergänzung zu den Bundesmitteln bzw. nach eigenen Richtlinien. Förderungsstellen sind die Bezirksforstinspektionen bzw. die Bezirksbauernkammern.

13.3 WICHTIGE FORSTRECHTLICHE BESTIMMUNGEN

Für die Bewirtschaftung des Bauernwaldes sind vor allem folgende **Rechtsnormen** wichtig:

❑ Walddefinition

Wald sind alle Flächen, die mit forstlichen Baumarten (sind im Forstgesetz aufgezählt) bestockt und größer als 1.000 m² bei einer durchschnittlichen Breite von 10 m sind. Ebenso als **Waldflächen** gelten Windschutzstreifen sowie die **Kampfzone** des Waldes.
Grünflächen, die bisher nicht Wald waren und aufgeforstet werden, gelten nach 10 Jahren als Wald; handelt es sich um einen natürlichen Anflug, so zählen sie zur Kulturgattung Wald, wenn eine Höhe des Bewuchses von 3 m und eine Überschirmung von 50 % erreicht ist.
Nicht als Wald gelten **Kurzumtriebsflächen** (z. B. Energieholzanlagen, Christbaumkulturen, Kastanienplantagen), wenn sie

- nicht auf Waldboden angelegt sind;
- innerhalb von 30 Jahren einmal genutzt werden;
- innerhalb von 10 Jahren nach Errichtung der Anlage bei der Behörde angemeldet werden.

❑ Walderhaltung

Die Verwendung von Waldflächen zu anderen Zwecken (Bauland, landw. Nutzung etc.) ist verboten. Rodungen sind nur dann möglich, wenn kein öffentliches Interesse an der Walderhaltung besteht. Jede Rodung ist durch die zuständige Behörde zu begutachten. Für die Rodung von Waldflächen kleiner als 1.000 m² besteht eine Anzeigepflicht, größere Rodungen bedürfen eines Bewilligungsverfahrens.

❑ Waldverwüstung

Jede Waldverwüstung ist verboten. Sie liegt u. a. vor, wenn durch Handlungen oder Unterlassungen die Produktionskraft des Waldbodens wesentlich geschwächt oder vernichtet, der Waldboden einer Rutsch oder Abtragungsgefahr ausgesetzt und Abfall (Gerümpel, Klärschlamm, Müll u. ä.) abgelagert wird.
Wurde Abfall im Wald festgestellt, so hat die Bezirkshauptmannschaft den Verursacher zu veranlassen, diesen zu entfernen. Ist dies nicht möglich, so fällt die Beseitigung des Abfalls der Gemeinde zu.

❑ Objektschutzwald

Wälder, die der Abwehr bestimmter Gefahren von Menschen und menschlichen Einrichtungen dienen, wie z. B. zum Schutz vor Lawinen, Steinschlag, Erdrutschungen und Hochwasser, werden als Objektschutzwälder bezeichnet. Ein solcher Wald kann durch die Behörde zum „Bannwald“ erklärt werden, wobei festgelegt wird, welche Maßnahmen im Bannwald zu ergreifen bzw. welche Handlungen zu unterlassen sind.

❑ Standortschutzwald

Standortschutzwälder sind Waldflächen auf gefährdeten Standorten, wie z. B. Flugerdeböden, erosionsgefährdete Böden und Rutschhänge. Der Waldeigentümer ist verpflichtet, den Schutzwald so zu bewirtschaften, dass die Erhaltung der Bodenkraft und die Bestockung mit Bäumen und Sträuchern gewährleistet ist.

❑ Biotopschutzwald

Als Biotopschutzwälder gelten Wälder mit besonderen Lebensräumen (Naturwaldreservate, Waldflächen im Nationalpark, Naturschutzgebiete u. ä.).

❑ Erholungswald

Zum Zwecke der Erholung von Menschen kann Wald zum „Erholungswald“ erklärt werden. Sofern dem Eigentümer dadurch wirtschaftliche Nachteile entstehen, hat er Anspruch auf Entschädigung.

❑ Waldteilung

Die Teilung von Waldgrundstücken ist verboten, wenn dadurch Parzellen entstehen, auf denen eine zweckmäßige Waldbewirtschaftung nicht mehr möglich ist.

❑ Wiederbewaldung

Waldboden ist nach der Schlägerung spätestens im fünften Jahr mit standorttauglichen Baumarten aufzuforsten. Standortgerechte Altbestände sollten möglichst naturverjüngt werden. Unterbleibt die Naturverjüngung oder ist sie mangelhaft, dann muss spätestens im zehnten Jahr nach der Schlägerung die Wiederbewaldung durch Saat oder Pflanzung durchgeführt werden.
Die Wiederbewaldung kann behördlich erzwungen werden.

❑ Neuaufforstung (Aufforstung von landwirtschaftlichen Flächen)

Die Aufforstung von landwirtschaftlichen Grundstücken ist anzeige- bzw. genehmigungspflichtig. Dabei muss ein bestimmter Abstand vom landwirtschaftlich genutzten Nachbargrundstück frei bleiben, der bundesländerweise verschieden geregelt ist.
Zuständig für das Verfahren ist die Bezirkshauptmannschaft.

❑ Wald an Eigentumsgrenze

Wenn für den Nachbarwald die Gefahr des Windwurfes besteht, muss ein mindestens 40 m breiter Windmantel erhalten bleiben. Die pflegliche Einzelstammnutzung (Durchforstung) dieses Streifens ist gestattet.
Hat der geschützte Bestand ein Alter erreicht, welches dreißig Jahre über der gesetzlichen Altersgrenze der Hiebsunreife liegt (im allgemeinen 60 + 30 = 90 Jahre), darf der Windmantel geschlägert werden, wenn der Eigentümer des geschützten Waldes nachweislich mindestens sechs Monate vor der Fällung davon verständigt wurde.

❑ Hiebsunreife Hochwaldbestände (Nutzungsbeschränkung)

In hiebsunreifen Hochwaldbeständen sind Kahlschläge und die über das pflegliche Ausmaß hinausgehenden Einzelstammentnahmen, durch welche die Überschirmung (Schlussgrad) unter 50 % sinkt, untersagt.

Hiebsunreif sind:

- Pappel, Weide, Robinie unter 10 Jahren,
- Erle, Birke unter 20 Jahren,
- Douglasie, Weymouthskiefer, Küstentanne unter 40 Jahren,
- alle übrigen Baumarten unter 60 Jahren.

Die Behörde darf Ausnahmebewilligungen erteilen.

❑ Großkahlschläge

Kahlhiebe mit einer Ausdehnung von über 50 m Breite und mehr als 2 ha, oder Schläge, deren Breite zwar unter 50 m bleibt, deren Länge jedoch mehr als 600 m beträgt, sind verboten. In besonderen Fällen kann die Behörde Ausnahmen gestatten.

❑ Betretungsrecht und Sperren

Jedermann darf sich zu Erholungszwecken im Wald aufhalten. Es gibt jedoch zahlreiche Ausschließungsmöglichkeiten, so z. B. das Betreten von Forstkulturen bis zu 3 m Höhe und von Holzlagerplätzen; das Zelten und Lagern bei Dunkelheit; das Reiten, Fahren und Schilaufen; Schlägerungsorte, Forststraßenbaustellen, Windwurfflächen u. ä. können mit einer Befristung von max. 4 Monaten gesperrt werden.
Für die Sperre des Waldes müssen gesetzlich vorgeschriebene Tafeln verwendet werden. Sofern solche Tafeln angebracht sind, wird bei einem Unfall nur für vorsätzliches Handeln gehaftet. Die Sperre von Waldgrundstücken über vier Monate hinaus bedarf der Genehmigung der Bezirkshauptmannschaft.

❑ Waldbrandschutz

Im Wald und in der Nähe desselben ist das Anzünden von Feuer durch nichtbefugte Personen verboten. Dazu zählt auch das Wegwerfen von brennenden oder glimmenden Gegenständen, wie von Zündhölzern, Zigarettenstummeln u. dgl. Das beabsichtigte Schlagbrennen ist der Gemeinde und der Feuerwehr zu melden. Wer im Wald ein unbeaufsichtigtes Feuer sieht, ist verpflichtet, es zu löschen. Ist dies nicht möglich, so hat er unverzüglich die nächste Brandmeldestelle zu informieren.

Verbots-** und **Hinweistafeln

❑ Forstschädlinge

Der Waldbesitzer hat jede gefahrdrohende Vermehrung von Forstschädlingen umgehend der Bezirkshauptmannschaft zu melden. Er hat in geeigneter, ihm zumutbarer Weise die Schädlingsvermehrung zu bekämpfen und ihrem Entstehen vorzubeugen. Dazu gehören u. a. das Fällen von befallenen Bäumen und ihr Bearbeiten in einer Form, so dass sie für die Forstschädlingsvermehrung ungeeignet sind (z. B. raschestes Entfernen aus dem Wald, Entrinden, chemische Bekämpfung).

❑ Waldweide

Die Waldweide ist nur gestattet, wenn dadurch die Erhaltung des Waldes und seiner Funktionen nicht gefährdet ist. Sofern der Viehtrieb eine solche Gefahr bedeutet, muss er auf zumutbaren Umwegen durchgeführt werden.

❑ Bringung über fremden Boden

Jeder Waldeigentümer oder Nutzungsberechtigte ist berechtigt, auf die mindestschädliche Weise Holz oder sonstige Forstprodukte über fremden Boden zu bringen und diese dort im Bedarfsfall vorübergehend auch zu lagern, sofern die Bringung (Lagerung) ohne Inanspruchnahme fremden Bodens nur mit unverhältnismäßigen Kosten oder überhaupt nicht möglich ist.
Über die Notwendigkeit und die Art und Weise der Bringung hat, wenn hierüber zwischen den Parteien keine Einigung zustande kommt, auf Antrag einer Partei die Bezirkshauptmannschaft zu entscheiden.

❑ Holzankauf in Bausch und Bogen (Überhappsverkauf)

Holzankaufsverträge in Bausch und Bogen sind im Hochwald verboten.

❑ Strafausmaß

Zuwiderhandlungen gegen die forstrechtlichen Bestimmungen können mit einer Geldstrafe bis zu € 7.270,– oder mit Arrest bis zu 4 Wochen sowie mit dem Verfall der Gegenstände, auf die sich die strafbare Handlung bezieht, geahndet werden.

Unkenntnis der forstrechtlichen Bestimmungen schützt nicht vor Strafe!

STICHWORTVERZEICHNIS

LITERATURNACHWEIS

Bücher und Broschüren

Anderl, J. u. a., Kooperationsabkommen FPP, „Holzernte in der Durchforstung – Schleppergelände", (4)
Anderl, J. u. a., Kooperationsabkommen FPP, „Holzernte in der Durchforstung – Seilgelände", (3)
Amschl, B., „Österreichs Wald", BMLF
Dietz/Knippe/Löffler, „Walderschließung", Paul Parey Verlag, Berlin–Hamburg
Eisenhut, M., „Bodenfibel", Leopold Stocker Verlag, Graz
Gilge u. a., „Waldwirtschaft heute", Österr. Agrarverlag, Wien
Hafellner, J., „Betriebsanalyse einer Grünland-Waldwirtschaft im Murtal unter besonderer Berücksichtigung der Beiträge der einzelnen Produktionszweige zum Familieneinkommen", Diplomarbeit, Probleb/Stmk.
Hafner, F., „Österreichischer Wald in Vergangenheit und Gegenwart", Österr. Agrarverlag, Wien
Hufnagl, H., „Der Waldtyp", Innviertler Preßverein, Ried
Hufnagl, H., Puzyr, H., „Grundbegriffe des Waldbaus", Verlag Fromme & Co., Wien
Khoner, „Wald- und Güterstraßen", Eigenverlag
Mayer, H., „Waldbau auf sozialökologischer Grundlage", Gustav Fischer Verlag, Stuttgart
Reiniger, H., „Zielstärkennutzung", Österr. Agrarverlag, Wien
Schlaghamersky, „Wegebau", 2. Teil, Hildesheim
Schwarz, u. a. „Waldwirtschaft", Leopold Stocker Verlag, Graz
Schwarz, R. „Waldfibel", Leopold Stocker Verlag, Graz

Informationsschriften

„Holz richtig ausgeformt", BMLF, Wien
„Jahresbericht über die österr. Forstwirtschaft", BMLF, Wien
„Schriften und Broschüren zur Arbeitssicherheit und Unfallverhütung", SVB, Wien
„Merkblatt der forstlichen Ausbildungsstätte Orth – Motorsägenwartung"
„Laubholz, der richtige Weg zum Erfolg", OÖ. Landesforstdienst

Eschlböck Biber Holzhackmaschinen
ESCHLBÖCK
BIBER 80
ESCHLBÖCK SPALTBIBER
Kein Baum ist zu dick!
4731 Prambachkirchen, Tel. 07277-2303-0,
www.eschlboeck.at, www.hackgutboerse.com

So arbeiten Profis
Posch – europaweit die Nr. 1 in der Brennholzaufbereitung!
Posch ist der kompetente Partner wenn es um spalten und schneiden geht. Mehr als
100 Maschinentypen von flexiblen Holz- und Schneidspaltern über leistungsstarke Kreissägen
bis zu robusten Spezial- und Industrie-Maschinen sind ein Garant für Sicherheit und Qualität.
CE GS ÖQS
POSCH GMBH • A-8430 LEIBNITZ • TELEFON: 03452/82954
E-MAIL: LEIBNITZ@POSCH.COM • WWW.POSCH.COM
POSCH LEIBNITZ